后浪出版公司

〔日〕三津村直贵——著　段连连 李洋洋——译

给孩子的人工智能通识课

図解これだけは知っておきたい
AI(人工知能)ビジネス入門

海峡出版发行集团
THE STRAITS PUBLISHING & DISTRIBUTING GROUP
海峡书局

前　言

未来，人工智能将像互联网和智能手机一样，成为普通人日常生活中的必需品，而且拥有互联网和智能手机无可比拟的影响力。如今，我们正站在一个岔路口上，面对着两种选择：一种是因为“感觉有点难”而逃避，还有一种是将人工智能作为新型武器在将来大有作为。

一些专家认为奇点会在2045年来临，彻底改变人类社会，即使是对这个理论持否定态度的学者也不得不承认，届时人工智能会像汽车一样融入日常生活。也许我们还没有切身感受到这些变化，但人工智能势必成为生活的一部分，这是不容置疑的事实。

可能有人认为“现在开始学习已经太晚了”“人工智能很聪明，所以人类不懂它也没关系”，这是错的。人工智能拥有学习能力，会在使用过程中继续不断发展。也就是说，最终完成人工智能的是使用者，也就是我们。如果我们不了解人工智能，又怎么为它们传授知识，充分发挥它们的作用呢？

外行能学会人工智能吗？我能理解大家的担心。不过其实人工智能几十年前和计算机同时问世时，还只是非常简单的程序，后来才逐渐发展成现在的形式。只要稍微回顾一下过去，就能从头开始认识人工智能。了解人工智能研究反复停滞和发展的历程，便可以掌握现代人工智能的基础技术和理念。

本书聚焦于以下几个问题：

“人工智能最初是怎样的技术？”

“人工智能是如何发展的，曾遇到过哪些问题？”

“人工智能是怎样克服障碍，持续发展的？”

“经过不断发展，人工智能将来会变成什么样？”

为了便于不擅长理科的读者理解，本书对“算法”“机器学习”等基础理论和“深度学习”“物联网（IoT）”“云端人工智能”等应用技术都做了详细介绍。在此基础上，本书还介绍了这些技术将如何改变今后的社会，以及可能对我们的工作和生活带来的影响。

熟悉人工智能的读者可能会觉得本书介绍的都是基础内容，不过对于“想了解人工智能”“想掌握人工智能基础知识”的人来说，本书是最合适的入门书。

希望本书能在即将到来的人工智能社会中，对希望生活得更加美好的人们有所帮助。

三津村直贵

人工智能带来的冲击

发展速度远超预期

1997年5月，IBM公司研发的“深蓝”打败了国际象棋世界冠军加里·卡斯帕罗夫，引起极大轰动。不过人们当时认为，日本象棋和围棋比国际象棋的规则更为复杂，人工智能要在这两个项目上赶超人类还远得很。

然而，在14年后的2011年，IBM新推出的“沃森”（Watson）参加美国人气智力竞赛节目《危险边缘》（*Jeopardy!*），击败了人类智力竞赛冠军。此外，围棋人工智能阿尔法狗在2016年和2017年分别战胜了韩国围棋九段棋手李世石和中国围棋九段棋手柯洁，接连完胜世界顶级职业棋手。人工智能追赶和超越人类的速度超乎想象。

人工智能某些能力已经超越人类

阿尔法狗
战胜顶级职业围棋棋手

阿尔法狗拥有搜索、评估和预测三项功能。它通过深度学习钻研过去的对战棋谱和自我对弈（→第130页），最终击败了顶级人类棋手。

沃森打败了
人类智力竞赛冠军

沃森具有在知识方面能媲美专业人士的专家系统和能在某种程度上理解句子含义的自然语言处理能力，它打败了人类智力竞赛冠军。

能看、能听、能理解、能回答问题

21 世纪前 10 年，人工智能在图像识别、语音识别和自然语言处理等各个领域都取得了重大突破，变得更加聪明。凭借这些技术成果，人工智能能识别出照片中的动物和人脸，正确区分二者，还能理解我们的话，用计算机合成语音来回答问题。

也许在不远的将来，科幻小说中描写的高级别万能人工智能就会出现在我们眼前。

在图像、语音、语言领域取得巨大成就

图像识别

这项技术能分析图像数据并识别形状。2012 年 6 月，谷歌研发的人工智能正确识别出“猫”的图像，受到广泛关注。

语音识别

这项技术能分析语音数据并识别其内容，目前已经作为智能手机的语音识别功能投入应用。

自然语言处理

这项技术能识别和处理日常对话，如理解对话内容，听从指令，执行命令，以及回答问题等。

人工智能以各种形式融入社会

在手机、网络等场景中的应用

对于大多数人而言，最常接触的可能就是手机和计算机中的人工智能了。人工智能技术的进步带来了各种功能，例如对着手机说话，人工智能可以用语音回答；还可以帮助使用者确认日程和邮件，并提供最佳方案。

除此之外，我们在网上购物或观看视频时，人工智能还会推荐相关内容。呼叫中心可以直接用人工智能回答一些简单的咨询，还有一些人工智能可以帮助话务员收集信息。人工智能已经开始在我们的生活中发挥着不可或缺的重要作用。

已投入应用的主要人工智能

手机
（Siri）

手机上的人工智能助理应用了自然语言处理、语音识别技术。

智能音箱
（Alexa、谷歌智能助理）

使用者可以用语音购物、查询和进行日程管理。

Pepper（派博）

一款具备情绪识别能力的人形机器人，现已上市。

自动驾驶汽车

自动驾驶汽车运用人工智能进行识别和判断，能够实现更安全的行驶。

沃森

沃森在金融和医疗等各领域大显身手，协助人类工作。

率先应用人工智能的领域

金融

在金融领域，计算机一直被用于高频交易。近些年来，机器人投资顾问越来越普及，也就是运用人工智能提供资产管理建议。此外，采用最前沿技术的金融科技（Fintech，第 152 页）也备受关注。

制造

制造业一直借助了各种机器的力量来提高效率。现阶段的人工智能拥有了更大灵活性，更能适应多种场合，应用范围也得到了进一步扩大。

医疗

医院最近也开始引进人工智能，可以通过先进的图像识别技术与庞大的数据库诊断病情和开具处方。据说东京大学医学科学研究所的人工智能还诊断出了一种罕见疾病。

预防犯罪

随着图像识别技术的进步，人工智能可以区分人脸，监测可疑行为，因此被越来越多地用于监控摄像头，并有望用于预测犯罪。

人工智能社会的赢家和输家

在今后的社会，人工智能将变得更加普遍。对于一些人来说，人工智能可能会成为得力助手，而对于另一些人来说，人工智能则可能是致命威胁。

因人工智能受益的人

模式①把人工智能当作能干的员工

人工智能完全遵循指示，不会犯错误，不知疲倦，可以作为员工大显身手。

无论工作量还是工作质量，都能得到大幅提高，这样的人将成为杰出的商务人士，在职场勇往直前。

模式②开发人工智能业务

掌握人工智能的使用方法（不用自己研发人工智能）。

这样的人可以创业，从事与人工智能的应用相关的工作，如运用人工智能提供咨询顾问服务等，拥有光明的前景。

今后的时代要求我们熟练运用人工智能

人工智能可以成为超级能干的员工，忠实地执行所有指示。它不知疲倦，从不抱怨，而且其工作量远远超出普通人。人工智能拥有卓越的计算能力，能在一瞬间处理大量信息。它能够迅速找到错误和问题所在，所以除了当作员工，还可以成为优秀的专属顾问。熟练运用人工智能技术，可以显著提高工作的数量和质量。

不过能干的人工智能员工也有可能夺走我们的工作。“机械式工作”今后可能会逐渐消失。

可能被人工智能取代的人

模式①只会做常规工作

擅长处理日常事务，缺乏随机应变的能力，无法胜任每个项目内容都不同的工作。

重复作业是人工智能最擅长的工作之一，这样的人将来可能会被人工智能取代。

模式②不懂计算机和互联网

用不好计算机和互联网，更不知道如何使用人工智能。

这样的人可能很难适应今后的社会，与精通人工智能的人之间的差距会越来越大。

人工智能的优势和劣势

大约 50% 的工作将被人工智能取代?

据野村综合研究所预测，未来 10 到 20 年里，日本将有 49% 的劳动人口被人工智能或机器人取代。尽管这只是预测，将来未必果真如此，但在考虑今后的工作方式时，我们最好提前做好心理准备。

人工智能特别擅长维护、管理和辅助类工作。今后，人工智能将逐渐取代人类处理此类日常事务工作。另外，随着智能机器人和自动驾驶汽车的问世，人工智能今后有望在制造和机械作业以及驾驶和运输方面发挥积极作用。

人工智能擅长的领域

辅助性工作

按照指示处理常规工作，对人工智能来说易如反掌。

制造和机械作业

大部分能够实现流程化的工作都可以交给人工智能和机器人来做。

驾驶和运输

在自动驾驶汽车和无人机的应用方面，相关研究接连取得成果，即将投入实际应用。

人工智能不擅长创新和体察别人的心情

说到人工智能不擅长的领域，当属艺术和创造性工作。不过最近人工智能也开始涉足这些领域。

例如，在文学方面，由人工智能撰写的作品通过了日本星新一文学奖[①]的初审。在绘画方面，微软与荷兰代尔夫特理工大学等共同研发的人工智能创造了一幅高质量绘画作品，酷似伦勃朗的风格。尽管如此，人工智能目前还无法创作出值得流传到后世的名作，还只是协助人类创作的水平。

此外，人工智能做出的沟通只是表面的，无法回应对方的心情，因此不适合从事医疗、福利、教育等与人密切相关的工作。

人工智能不擅长的领域

艺术与创新

在诉诸感性的艺术和创新领域，人工智能还有待进一步发展。在这些领域，虽然人工智能可以起到辅助作用，但仍将由人主导优势地位。

沟通

在沟通方面，人与人之间能形成共鸣，与人工智能相比，要更有优势。虽然人工智能可以学习如何理解他人的感受，但终究只能做出程序化的回应。

① 2013 年起由日本经济新闻社主办的公开文学奖评选活动，以超短篇小说或短篇小说为对象，根据以超短篇小说闻名的作家星新一的名字命名。——译者注

掌握人工智能的 10 个关键词

keyword.01
机器学习

机器学习指人工智能主动学习、自动提高准确性的技术。机器学习包括各种方法，自深度学习出现以来，在图像和语音等领域，与由人从头传授相比，人工智能主动学习的效率要更高。

详细信息请参阅 第 74 页

keyword.02
深度学习

深度学习是一种参考人类大脑机制的机器学习方法，在图像识别和语音识别方面发挥了重要作用。人工智能在 2010 年以来取得的卓越成果在很大程度上要归功于深度学习。深度学习也是引发第三次人工智能浪潮的契机。

详细信息请参阅 第 118 页

keyword.03
深度强化学习

深度强化学习指将深度学习与强化学习（第 80 页）结合在一起的机器学习方法。深度学习的优势在于特征提取能力，人工智能可以借此自动提高"发现关键点"的能力。深度学习的应用最初仅限于图像识别和语音识别，深度强化学习成功地将其扩展到游戏和自动驾驶等领域。

详细信息请参阅 第 126 页

keyword.04
大数据

大数据指庞大、复杂且持续增加的数据集合体，包括互联网上实时存储的检索信息、社交媒体投稿、购买信息、位置信息、访问信息等。对于人工智能而言，大数据是机器学习的重要材料。此外，人工智能也可以用于从大数据中提取有用信息。

详细信息请参阅 第 94 页

keyword.05

算法

“算法”一词表示“过程”，用于人工智能领域时主要指“程序的信息处理过程”。算法的好坏直接决定了人工智能的性能。简单的程序也会用到特定的算法。

详细信息请参阅 第 34 页

keyword.06

物联网

物联网（Internet of Things，IoT）表示把各种物体与互联网连接起来。据说今后将会有更多物体被连入物联网，借助互联网和人工智能，“物体”会变得越来越聪明。

详细信息请参阅 第 172 页

keyword.07

人工神经网络

人工神经网络是一种模拟了人脑神经网络的模型。这种构思早在 20 世纪 40 年代就已经出现了，但由于理论方面的局限，研究一度中断。克服了局限之后，人工神经网络直接带来了深度学习。

详细信息请参阅 第 38 页

keyword.08

数据挖掘

数据挖掘的英语是 Data mining，直译是“数据的开采”，指从大数据等规模庞大的数据群中提取有用信息的技术，会广泛应用人工智能。采用人工智能进行数据挖掘的优势是能够不带偏见地找到有用联系。

详细信息请参阅 第 72 页

keyword.09

量子计算机

量子计算机利用量子力学原理运行，与传统计算机截然不同，其最大特点是可以处理 0 和 1 以外的信息。目前尚未研发出具有较强通用性的量子数字计算机，不过用于特定用途的量子模拟计算机已经投入使用。

详细信息请参阅 第 194 页

keyword.10

奇点

奇点理论是一种假说，认为加速发展的人工智能一旦超越了人类的能力，就可能彻底改变我们的社会。有专家预测奇点将在 2045 年到来，虽然目前尚无相关迹象，不过也很难断言这种情况 100% 不会发生。

详细信息请参阅 第 220 页

人工智能为什么会出现爆炸式发展

2010 年以来，人工智能得到了前所未有的爆炸式发展。人工智能到底经历了怎样的发展历程？

在此之前……

人工智能的大多数进步要归功于理论发展和硬件（如计算机）性能的提升，而且始终面临着学习数据不足的致命障碍。

大数据和深度学习问世以后

互联网的出现形成了大数据，深度学习可以有效运用大数据进行机器学习，这项技术的发展彻底改变了人工智能研究的情况。

突破性进展——深度学习

长期以来，人工智能都是依赖计算机性能的提升才能实现进步。20世纪下半叶，虽然计算机领域取得了巨大成果，但人工智能需要研究人员写出复杂的程序，或者手动输入大量数据，这些困难导致研发陷入了僵局。

深度学习的问世打破了这道壁垒。在陷入停滞的图像识别和语音识别领域，这项全新的机器学习方法取得了显著成果，并扩展到自然语言处理领域。这些进步大大加速了人工智能的应用。今后，随着物联网（→第172页）的发展，人工智能将进一步融入我们的生活。人工智能可以学习从全世界的各种物体收集来的数据，有望变得更加聪明，更加有用。

图像、语音及语言识别能力的提升

依靠深度学习的方法，图像识别、语音识别、自然语言处理等各领域相继取得重要成果，接连出现了各种可以应用于现实社会的人工智能。

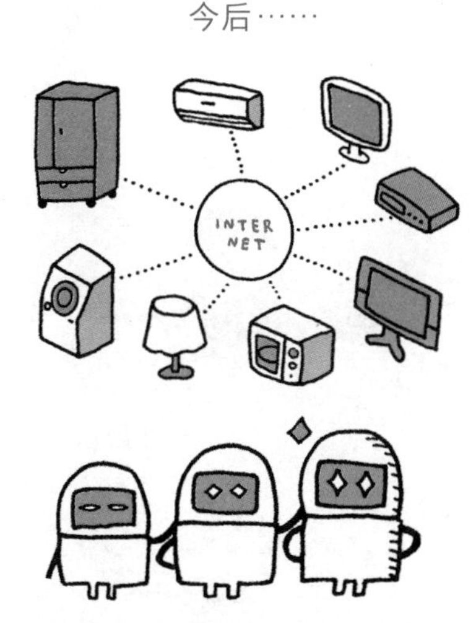

随着物流网的普及，大数据将进一步扩张，并可以将数据实时传输给人工智能。这会形成良性循环，人工智能可以在实际使用的过程中越来越聪明，对社会的贡献也将越来越大。

人工智能到底是什么

尝试创造像人一样聪明的机器

人工智能说到底就是“具有人类智能的程序”，其本身只能在计算机内部运行。人工智能必须像机器人一样，通过传感器、机器臂、轮胎等工具，才能与外界产生联系。

关于什么才算“智能”这个难题，专家们也众说纷纭。例如扫地机器人可以自动打扫房间，聊天机器人能进行简单的应答，它们虽然聪明，但并不具备“智能”。

人工智能研究的目标之一是创造出能处理人类的一切工作，并且像人类一样拥有意识的人工智能，这种人工智能叫作“强人工智能”。相比之下，还有一些表面看起来好像拥有智能，但其实只是按照程序运行的人工智能，我们将其称为“弱人工智能”，现在市面上的人工智能基本上都是弱人工智能。

什么是智能

人类

- 每个人的思维能力和计算能力各不相同。
- 欣赏画作、聆听音乐会收获感动。
- 从一个词可以联想到很多事情。
- 与他人交谈时，能顾及对方的感受。
- 可以用两条腿走路或跑步，也可以用手工作。

- 计算速度出类拔萃，也能轻松应对复杂任务。
- 无法领略画作的美和音乐的魅力。
- 不擅长理解语言的含义及其关联性。
- 只能进行形式上的对话。
- 无法顺畅完成某些基础动作，如用两条腿行走，用合适的力度抓取物体等。

对于“什么是智能”这个问题，
专家之间也很难达成共识。

强人工智能和弱人工智能

强人工智能（通用人工智能）

能够处理人类的所有工作，像人一样拥有意识，能像人一样思考和行动，甚至超出人类的水平。

这种人工智能可以取代人类！

弱人工智能（专用人工智能）

能在特定领域像人一样甚至以超越人类的水平工作，如“专攻围棋”“擅长打扫”“在医疗方面具有惊人的知识储备量”等。这种人工智能表面上看似拥有智能，但其实只是按照程序运行而已。

目前问世的都是弱人工智能！

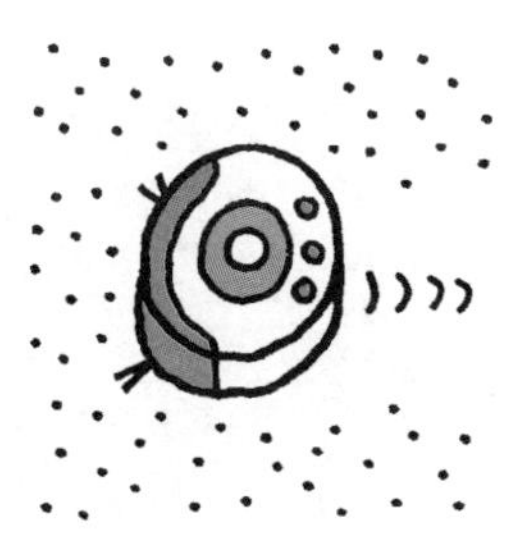

快速了解人工智能的历史

人工智能研究在万众瞩目中交替发展和停滞

自古以来，世界各国就都曾不断尝试“创造智能”。达特茅斯会议（→第 30 页）将这种尝试与计算机结合起来，提出“人工智能”的概念和课题，开启了人工智能的第一次浪潮。不过第一次浪潮的研究成果十分有限，盲目乐观带来了巨大的失望，人工智能进入了寒冬时代。

掀起第二次浪潮的主要原因是微处理器和 HDD（硬盘驱动器）的问世，硬件性能得到了大幅提升。

不过人工智能的第二次浪潮仍然碰了壁，虽然这个时期研发出来的程序确实很了不起，但仍然算不上是智能。接下来，深度学习的问世和互联网的兴起打破了这个壁垒。人工智能得到了进一步发展，给世界带来了巨大冲击，并开始被应用到生活当中。这就是人工智能的第三次浪潮，现在仍在持续。

前夜

1943 年	神经元数学模型问世，这是构建人工神经网络的基础。
1946 年	世界上第一台通用电子计算机 ENIAC 诞生。
1947 年	图灵提出“人工智能”的概念。

↓

黎明期

第一次浪潮

1956 年	达特茅斯会议之后，全球各国都开始着手开展人工智能研究。
1965 年	聊天机器人 ELIZA 问世，它能够使用自然语言与人类交流。
1966 年	美国国家研究委员会依据《ALPAC 报告》终止了对机器翻译研究的资金支持。
1969 年	美国的军事网络 ARPANET（阿帕网，互联网的鼻祖）正式投入运行。

1970 年	英特尔研发出全球第一台微处理器，标志着第四代计算机的诞生。
1973 年	英国政府依据《莱特希尔报告》终止了对人工智能研究的财政支持。

计算机处理大量信息的时代

第二次浪潮

1974 年	专家系统 Mycin 问世，达到实用水平。
1984 年	Cyc 项目启动，旨在将常识和知识建成数据库。
1986 年	反向传播算法被用于人工神经网络的学习，迈出了通往深度学习的第一步。
1989 年	数据挖掘技术问世。
1991 年	万维网的出现加速了互联网的普及。
1997 年	人工智能“深蓝”击败国际象棋世界冠军。
2005 年	库兹韦尔提出奇点理论。

深度学习问世并飞速发展的时代

第三次浪潮

2006 年	辛顿研发出深度学习的基础技术。
2011 年	IBM 的沃森在智力竞赛节目上击败了两位冠军。
2011 年	搭载了语音识别助理的智能手机问世。
2012 年	谷歌自动驾驶汽车开始在公共道路上进行自动驾驶测试。
2012 年	采用深度学习技术的人工智能在图像识别领域的国际大赛 ILSVRC 上技压群雄。
2012 年	谷歌的人工智能成功学习了“猫”的概念。
2016 年	谷歌的 阿尔法狗战胜世界顶级围棋棋手。
2017 年	人工智能 Libratus（冷扑大师）和 DeepStack（迪斯塔）在与德州扑克职业玩家的对战中以绝对优势获胜。

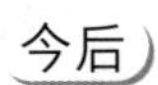

2020 年	自动驾驶汽车（L3 和 L4 级别的自动驾驶汽车）将在日本投入使用。
2045 年	奇点会到来吗？

人工智能与我们的未来

等待我们的是噩梦，还是理想的未来？

人工智能超越人类，并进一步创造出能够超越自己的人工智能。通过不断重复这个过程，远超人类智能的人工智能接连出现的情况将半永久地延续下去，这就是奇点理论描述的情形。

如果奇点真的到来，我们的社会无疑会发生巨大变化。例如，先进的人工智能可能与监控摄像头和犯罪预测系统结合，让社会变得更加安全，但这也可以看作“人类被人工智能支配”的开端。同时，卓越的人工智能可以在生活的方方面面协助我们，人类也有可能由此实现某种意义上的“进化”。等待我们和人工智能的，将是怎样的未来呢？

奇点的到来

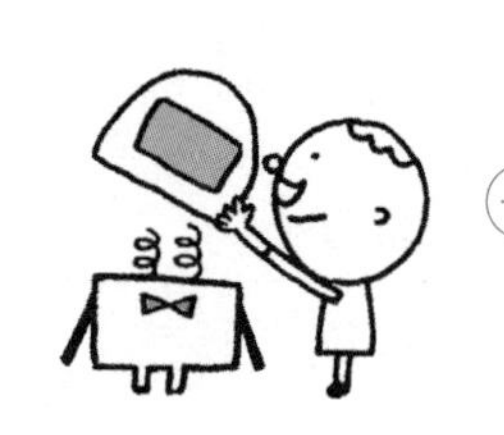

人类研发出“能创造人工智能的人工智能”。

人工智能创造出性能更高的人工智能，最终超越人类。

超越人类的人工智能创造出人类无法企及的人工智能。

从理论上看，奇点发生的可能性很高，
但实际上要实现这一点，还需要多次技术突破。

奇点到来之后的世界

噩梦般的社会

- 越来越多的人被人工智能抢走饭碗，成为失业者。
- 有工作的人也要处于人工智能的驱使之下。
- 虽然有助于维持社会治安，但到处都装有监控摄像头。
- 社会管理系统全部由人工智能控制，人类必须生活在系统的监视之下。

理想的社会

- 一个人可以完成比现在多几倍的工作，闲暇时间增多。
- 危险、繁重和人手不足的工作都可以交给智能机器人，缓解劳动力短缺现象。
- 高效系统可以确保粮食的生产和供应顺利进行。
- 自动驾驶交通系统杜绝了交通事故。

目 录

CHAPTER 2
主动学习知识的人工智能问世

CHAPTER 3
互联网和大数据带来的变化

目 录

CHAPTER 6

各大企业的研究动向

目 录

CHAPTER 7
人工智能构筑的未来世界

CHAPTER 8
人工智能的未来和奇点

CHAPTER 1

人工智能的开端和最初的局限

人工智能指具有人类智能的程序，各项基础理论和计算机的发展，以及人脑神经细胞机制的阐明开启了“用机器模拟人类智能”的研究伟业。

001

什么是人工智能

人工智能指“具有人类智能的程序”。虽然现在市面上很多产品和服务都以“人工智能”为卖点，但研究者们希望实现的是更高水平的人工智能。

“拥有智能”意味着聪明

所谓“人工智能”，是指具有人类智能的程序，这句话本身并不是很难理解。但进一步深入思考的话，我们就会踏入深奥的学术世界。例如，如果一个天真无邪的孩子问你：“到底什么是智能？”“人与程序有什么不同？”“如何判断有没有智能？”你可能会觉得很难用一两句话解释清楚。实际上，就连人工智能的研究人员也都没有对这些问题达成一致意见。

暂且把严密的定义交给专业人士，本书只阐述人们对这个问题最普遍的理解。可以说，“拥有智能”就是“聪明”的状态。这样的话，问题就简单多了。既然人工智能是拥有与人类相似的智能的程序，那么也就是说，只要是像人类一样聪明的程序，就属于人工智能了。

“真正的人工智能”尚未实现

近些年来，我们的生活中出现了一大批以“人工智能”为卖点的产品和服务。不过其实都只是一些能在某种程度上对人类语言做出反应的程序，或者能在地板上来回移动，自动清扫垃圾的机器人。尽管和以前那些简单的机器相比，它们已经很聪明了，但要说这种程度就是人工智能，可能还是会有很多人觉得不太合适。

这些也不是研究人员希望实现的人工智能。如今遍布我们身边的“看着很像人工智能”的东西，只不过是“真正的人工智能”研发过程中的副产品。

了解人工智能

到处都能看到“人工智能”这个词，谁都可以轻松地谈论人工智能的话题。但大家所说的人工智能到底是指什么呢？

◉人工智能的定义

◉以“人工智能”为卖点的各种产品和服务

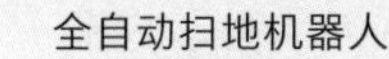

全自动扫地机器人

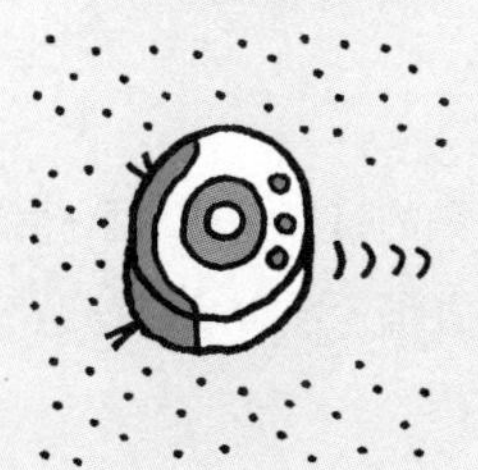

应用了物体识别、机器学习和多智能体技术，能够识别并避让障碍物。

聊天机器人

运用自然语言处理、数据挖掘技术，能像人一样对话。

日本象棋机器人

利用图像识别技术，能用机械臂抓起棋子，通过搜索和评估算法找到最佳落子点。

这些都只不过是研发“真正的人工智能”过程中产生的副产品。

002 用计算机模拟人类的智能活动

"人工智能"的概念最早出现于20世纪中叶，从此开启了人们让机器拥有人类智能的梦想。

相信"机器能够模拟人工智能"

1956年，美国达特茅斯会议首次提出了人工智能的概念。当时，十名学者聚集在达特茅斯学院，基于"计算机能够模拟人类的智能"的强烈信念，介绍和讨论了早期的人工智能程序及各种理论。

他们开发的人工智能程序只能用于证明基本的数学定理，不过考虑到当时的计算机还只是原始计算机，也可以说这个成就已经足够了不起了。达特茅斯会议只是一个小型聚会，却集齐了未来人工智能研究领域的领袖。他们中有四人后来获得了拥有计算机领域的诺贝尔奖之称的"图灵奖"。

开启全球研究热潮的契机

在达特茅斯会议上，研究人员提出人工智能研究的目标是让机器"使用语言""获得抽象化和概念化的能力""解决只有人类才能解决的问题"，以及"自我进化"。

这次会议撼动了全世界的研究人员。其实说起来，"由人类创造出人类的智能"这个想法本身并不新奇。早在公元前，就有哲学家提出了同样的设想。自从20世纪40年代可以进行高级逻辑运算的计算机诞生以来，就有研究人员开始认真思考如何用计算机来模拟人类的智能。不过这种研究还只有少数人参与，仅仅停留在摸索阶段。达特茅斯会议向全世界的研究人员宣布了最新的研究情况，并提出了人工智能研究的共同目标。就这样，人工智能研究在全球各地开展起来。

人工智能研究的契机——达特茅斯会议

真正启动人工智能研究的契机是达特茅斯会议。多位著名科学家参加了这次会议，提出了人工智能研究的目标。

◉达特茅斯会议的主要参加者

马文·明斯基
（1927—2016）

达特茅斯会议的发起人之一，被称为“人工智能之父”。1969 年获得图灵奖。

约翰·麦卡锡
（1927—2011）

达特茅斯会议的发起人之一，云计算的奠基人。1971 年获得图灵奖。

克劳德·香农
（1916—2001）

达特茅斯会议的发起人之一，信息论的创始人。数字通信的奠基人。

艾伦·纽厄尔
（1927—1992）

世界上最早的人工智能程序“逻辑理论家”的开发者之一。1975 年获得图灵奖。

赫伯特·西蒙
（1916—2001）

理性决策的研究者，与艾伦·纽厄尔共同研发了世界上最早的人工智能程序。1975 年获得图灵奖，1978 年获得诺贝尔经济学奖。

◉达特茅斯会议提出的四个目标

使用语言 根据语法理解和运用语言，并在此基础上学习新的语言。	**获得抽象化和概念化的能力** 能够从获得的信息中提取特征，同时创造新的概念。
解决只有人类才能解决的问题 可以独自解决只有人类才能解决的难题。	**自我进化** 能够从失败中学习，自我进化，提高性能。

达特茅斯会议：1956 年夏天，在美国达特茅斯学院举行的为期两个月的研讨会。年轻学者们汇聚于此，发表研究成果并进行深入讨论。

003 通用计算机的问世和对神经细胞的阐释

人工智能在达特茅斯会议首次隆重登场，数字计算机的问世推动全世界的研究人员都争相投入这次会议提出的宏伟目标之中。

数字计算机的兴起

在达特茅斯会议召开的20世纪50年代，以0和1处理信息的数字计算机得到了迅速普及。现在可能很难想象，在那以前，用得最多的是类似进阶版计算尺和日晷的模拟计算机。模拟计算机中也有利用连续变化的电流或电压来表示被运算量的模拟电子计算机，但这种计算机用实数（含小数点）进行运算，不是二进制的。

后来，随着数字计算机性能的提高，模拟计算机逐渐被淘汰，世界上第一台通用计算机ENIAC问世以后，数字计算机逐渐成为主流。尽管当时这种计算机的处理速度还不及现代的计算器，但已经可以满足编程所需的信息处理和复杂运算的要求了。通用计算机是众多研究人员认为“能实现人工智能”的原因之一。

早在通用计算机问世之前，数学家艾伦·图灵就构建了图灵机理论，并提出了人工智能的基础概念。此外，被誉为“计算机之父”的冯·诺依曼提出了自复制自动机理论，证明机器能够进行生命活动。

人类神经细胞机制的阐释

全球研究人员都开始争相关注人工智能研究还有另一个原因。人们发现，大脑神经细胞和数字计算机一样，也是通过类似0和1构成的二进制电脉冲来交换信息的。这个发现促使人们愈发相信“计算机能够模拟大脑的功能”。

二进制：只用0和1计数的方法。我们通常使用的十进制是用数字0~9计数。十进制的0对应二进制的0，十进制的1对应二进制的1，但是十进制的2对应二进制的10，十进制的3对应二进制的11，十进制的4对应二进制的100……二进制的特点是位数会随着数字的增大而增加。

这些因素加速了人工智能研究

达特茅斯会议于 20 世纪 50 年代召开，这一时期出现了有助于人工智能研究发展的各种技术。

原因① 数字计算机的普及和大脑神经细胞的阐释

二者的共同点是通过 0 和 1 构成的二进制来交换信息。

数字计算机

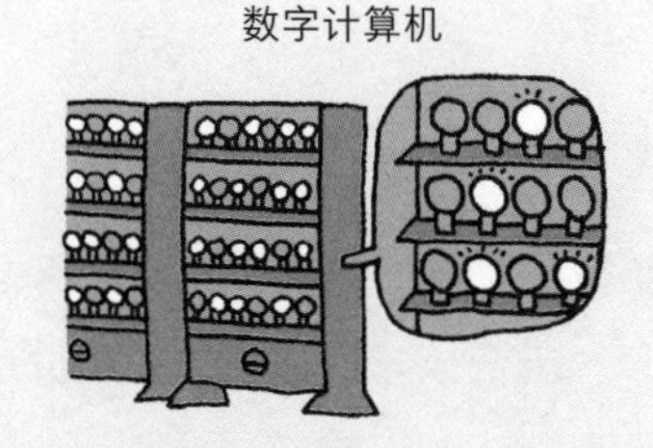

运算装置流入电流表示“1”，无电流流入表示“0”。

大脑神经细胞

神经细胞产生电脉冲表示“1”，无电脉冲表示“0”。

原因② 图灵机理论的构建

图灵机

艾伦·图灵提出的图灵机理论构成了程序的基本原理。

读取写有信息的纸带，并根据信息进行处理。图灵机简明扼要地描述了通用计算机的基本原理。

原因③ 自复制自动机的发明

自复制自动机

冯·诺依曼提出的自复制自动机理论表明机器也可以进行与人类似的生命活动。

自复制自动机理论认为机器可以创造出新机器，也就是说可以根据原有程序，不断编写出新的程序。

术语解说 自动机：表述人形机器人及机器的行为方式的理论模型，描述了机器根据外部刺激（输入），在内部自动进行某种处理，并做出行动（输出）的过程。

004

人工智能的核心："算法"

说到人工智能，一定会提及"算法"。算法指人工智能解决问题以及处理信息的程序和步骤。

算法是计算和处理的"步骤"

算法这个词的含义是步骤。在人工智能领域，算法指解决数学问题以及处理信息的程序和步骤，因此也可以说是"计算方法""方法""解法""想法"或"做法"等。

步骤的效率越高，解决问题的速度越快、效率也越高。算法在很大程度上左右了程序以及人工智能的性能好坏。例如近年备受关注的深度学习是一种机器学习（→第 74 页）方法，通过应用人工神经网络（→第 38 页）得以实现。不了解人工神经网络的算法，就无法理解深度学习。这种算法的内容非常复杂，但究其本质仍然是一个"步骤"。

计算机的搜索算法

搜索算法是人工智能常会采用的一种典型算法，指从大量数据中查找特定数据的步骤。根据各种数据的不同特性，查找的步骤也各不相同。

例如，假设我们要从 Excel 的顾客名单中查找特定顾客时，就会用到搜索算法。右页介绍了几种搜索算法：线性搜索算法指从头到尾依次搜索的算法；二分搜索算法指只搜索一半数据的算法，因为如果顾客名单是按照拼音顺序排列的，就可以推测出目标顾客位于名单的前半部分还是后半部分；还有稍微复杂一点的蒙特卡洛树搜索算法，指先随机搜索整个名单，找到特征和规律之后，再改变搜索顺序的算法。日本象棋和围棋等人工智能大多采用蒙特卡洛树搜索算法。

术语解说 蒙特卡洛：摩纳哥公国的一个城市，以赌场闻名。蒙特卡洛树搜索能从类似赌博等无法预测结果的事物中尽量找到规律，因而沿用了蒙特卡洛这个城市命名。

典型的搜索算法

以从规模庞大的顾客数据中查找符合条件的顾客为例，看一下三种典型的搜索算法是如何搜索的。

❶ 线性搜索

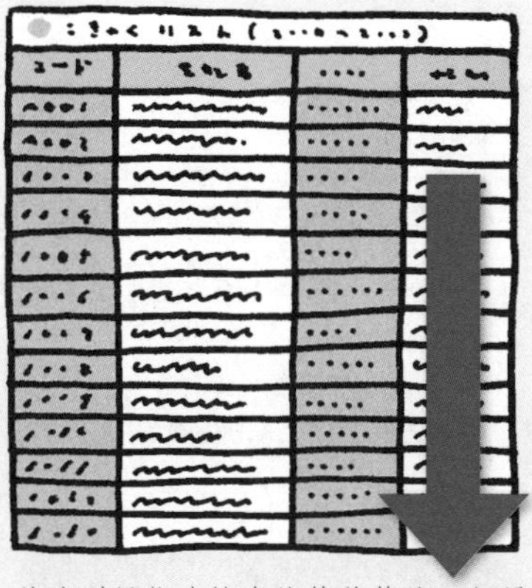

从头到尾依次搜索的简单算法。如果符合条件的顾客位于名单底部，则需要花费一定时间才能找到。

❷ 二分搜索

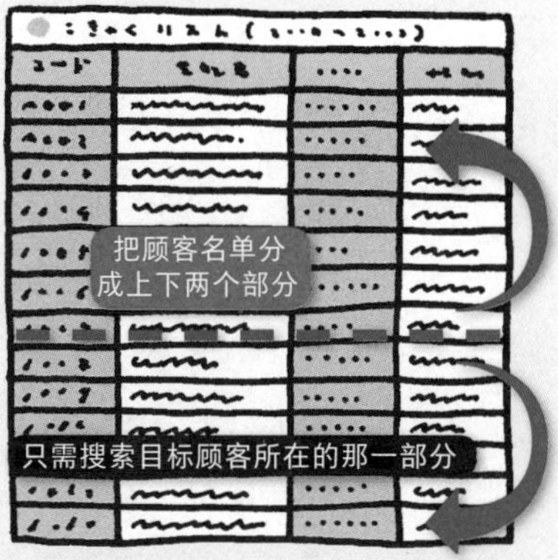

判断目标顾客在名单上半部分还是下半部分，然后搜索该部分。在了解数据排列方法（按拼音排列等）的情况下，这种算法会更稳定，效率更高。

❸ 蒙特卡洛树搜索

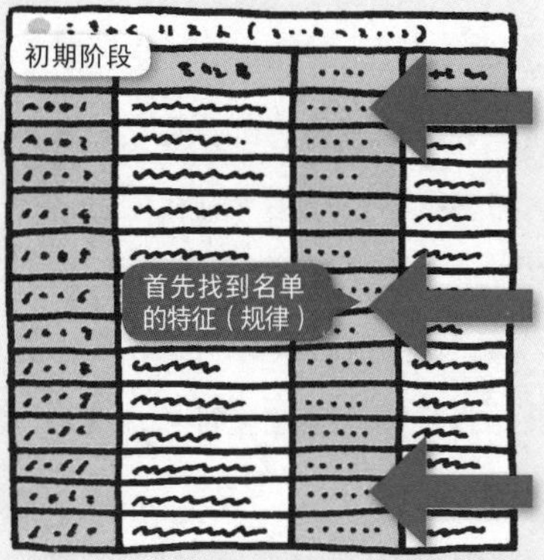

首先进行随机搜索，根据搜索结果掌握名单的规律，如“按顾客登记先后顺序排列”或“中间部分符合条件的顾客较少”等。

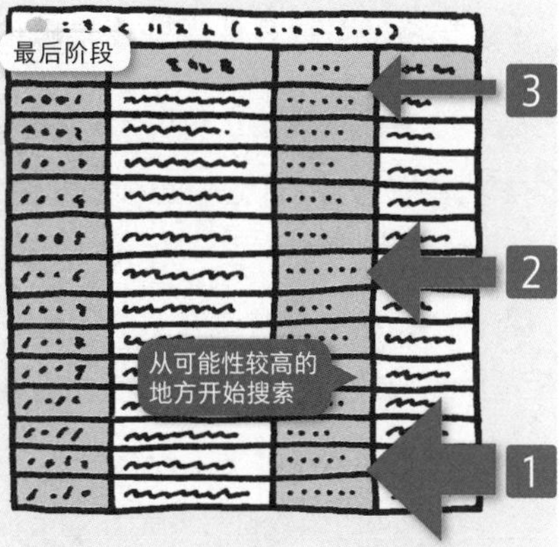

找到明显的特征和规律后，搜索效率会大大提高。如果没有找到规律，就继续随机搜索，只要找出规律，就能很快找到目标顾客。

005 形式主义方法用符号表述人类思维

人工智能研究领域，算法的开发是一个重要课题。在众多尝试之中，最先取得成果的是形式主义方法，他们根据数学理论用符号来表达人类的逻辑思维。

用数学方式表达人类的思维

用计算机模拟人类的智能时，所有人最先想到的都是将人类的思考过程直接编写成程序。这种方法被称为形式主义方法，即将人类思维转换成数学表达。

例如，我们可以把“如果到了早上 7 点，就起床”“如果离约定时间不到 5 分钟，就开始跑”等实际条件转换为数学运算中的“当 x=0”“当 $x \geqslant 1$”等表达方式。即使是类似“当工作忙时”“当下雨时”等并没有出现数字的条件，只要能够根据特定条件做出固定选择，就可以总结出规则。这种方法在规则简单明确的棋类游戏和数学公式的证明等中可以发挥优势。

数学符号可以表达哪些逻辑思维

形式主义方法试图用数学的形式来模拟人类的逻辑思维。那么，这种方法能表达出多少逻辑思维呢？这个问题的答案就在通用计算机问世之前出版的《数学原理》一书中。这本书的作者数学家伯特兰·罗素和阿尔弗雷德·诺斯·怀特海在书中表示，用极少数符号（IF、OR、AND 等）就可以表达许多数学思维。也就是说，如果计算机能处理这些符号，就可以模拟逻辑和数字思维。

Excel 的函数符号就是在这个理论的基础上形成的体系。后来，《数学原理》中提出的许多符号都可以通过计算机进行处理，不过这需要一个前提，就是逻辑表达必须是正确的。

术语解说 运算符：数学和编程中表示计算方法等的符号。数学中的“+”“-”“=”都是运算符，在编程语言中，运算符“&”表示 AND，“/”表示 OR。

形式主义方法的原理

形式主义方法用数字和符号来表达人类思维。无法转换为数值的情况可以通过组合条件和选择转换为规则。

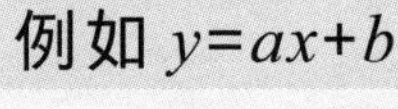

条件		解
$x=0$	→	$y=b$
$x=1$	→	$y=a+b$
$x=2$	→	$y=2a+b$

⋮

对于同一个等式，根据不同的条件，能得出不同的解。

用这个过程将人类的思维和行动转换为：

条件 到了早上 7 点

解 起床

条件 离约定时间不到 5 分钟

解 开始跑

条件 工作忙

解 加班

条件 下雨

解 打伞

006

用人工神经网络模拟大脑

除了形式主义方法用符号描述人类思维之外，还有一种用计算机模拟大脑机制的方法，即由人工神经元组成的人工神经网络。

用人工神经元模拟大脑神经细胞网络

构成大脑和神经的神经细胞叫作神经元，其作用是将树突接收的信息传递给轴突，轴突通过突触与其他神经元相连。也就是说，人脑相当于一个巨大的神经细胞网络。人工神经元简化了这种构造，并在计算机中模拟出来。人工神经元由输入层和输出层组成，是人工神经网络的最小单元。

突触是人脑神经元传递信息的关键部位，具有增强或减弱信息传递的功能。人工神经元的输入层也具有相同的功能，即通过增强或减弱信息来改变输出数据。对特定输入层赋予权重以便增强或减弱信息的方法叫作加权，根据信息内容和条件要求赋予适当的权重，可以解决各种问题。

能自主学习加权的“感知机”

要想让人工神经元正确运作，权重的设定至关重要。但给所有输入层都设定适当权重的难度很大，十分麻烦。因此，研究人员研发了一种能自动学习加权的感知机，可以让人工神经元自主学习输入层的权重值并做出更改。这使得复杂的信息处理过程变得简单多了。

20 世纪 60 年代，感知机的出现让神经网络作为下一代人工智能算法备受瞩目。之后，深度学习的诞生推动了多层神经网络的构建。

连接主义（Connectionism）：试图通过神经网络模拟大脑，实现人工智能的观点。

人工神经元和感知机

人工神经网络指用计算机直接模拟出人脑的机制。

◉人工神经元的原理

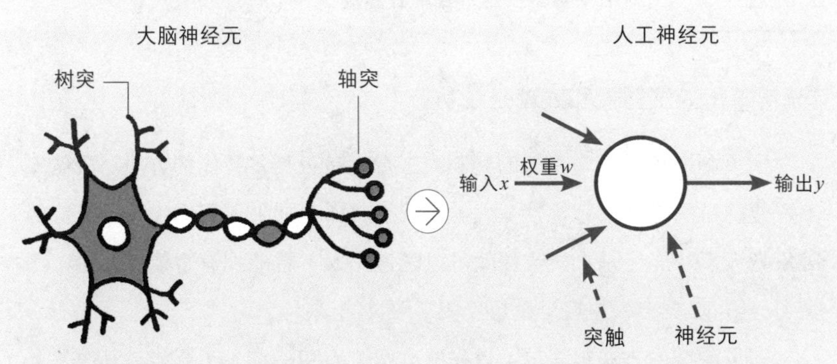

大脑神经细胞中的树突将接收到的信息传递给轴突，轴突再通过突触将信息传递给其他神经元。

模仿大脑的神经元，可以有多个输入，通过“加权”得出正确的输出。

◉感知机的原理

感知机与传统的人工神经元的相同点是在输入层拥有多个人工神经元，不同点是感知机还可以自动更改输入层的“权重”。

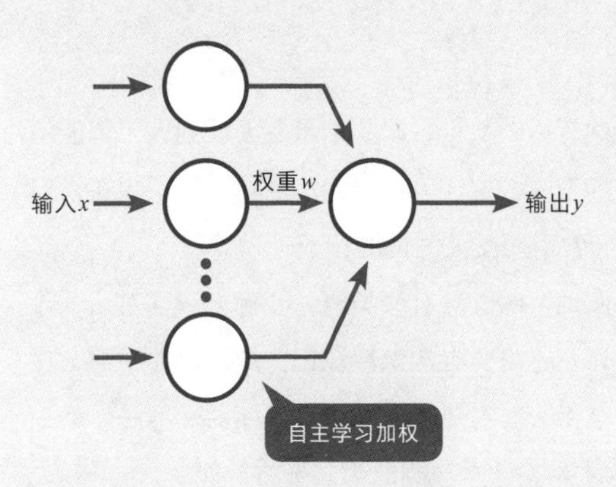

“加权”就好比“更重视老员工提供的信息，对新员工带来的信息打个折扣”的做法。为了更接近正确答案，需要根据信息的重要程度（信息越重要，权重越大）决定其权重。

007

图灵测试：判断机器有没有智能

随着人工智能研究的深入发展，人们开始讨论如何判断人工智能“有没有智能”。图灵测试回答了这一问题，即可以通过对话来判断机器是否具备智能。

分辨不出人工智能和人就是成功

图灵测试是最广为人知的判断人工智能是否具备智能的方法。既然人工智能的目的是用计算机模拟人类的智能，那么如果人们无法分辨交流的对象是人工智能还是人，或许就可以说这个人工智能拥有智能。艾伦·图灵（→第 32 页）根据这个设想发明了图灵测试。

图灵测试的方法很简单：首先要有两个人和一个人工智能。其中一个人作为测试者走进另一个房间，与人工智能和另一个人进行对话，他无法看到对方。如果测试者分辨不出与他对话的是人工智能还是人，就可以认为这个人工智能拥有智能。也就是说，图灵测试的判断标准是“如果人工智能骗过了测试者，那么它就是拥有智能的”。实际上这个测试还需要有多名测试者和对照者，反复进行测试，只有蒙骗了超过 30% 的测试者的人工智能程序，才能算通过测试。

怎样才能骗过测试者

需要指出的是，图灵测试有一个缺点，即其结果容易受到人工智能的性能设置和测试者的提问内容等的影响。但这种方法简单易懂，现在人们谈到人工智能的性能时，仍经常引用图灵测试的例子。

图灵测试与我们进行“面试”的方法有些类似。要像人一样对话，除了具备高级语言处理能力之外，还需要有常识性知识。此外，如果缺乏理解能力，听不懂对方的话，也无法顺畅地做出回应。判断的标准是“蒙骗测试者”，只有表现出相当的水平，才会被判断为“拥有智能”。

图灵测试

人工智能要达到能蒙骗测试者的水平，需要具备高级语言处理能力，常识性知识、倾听能力和理解能力。

❶ 参加测试的有人工智能、对照者和测试者

每个人工智能都需要配备多名对照者和测试者

❷ 测试者分别向人工智能和对照者（人）提问

测试者会向人工智能和对照者提出若干个问题，请对方回答。

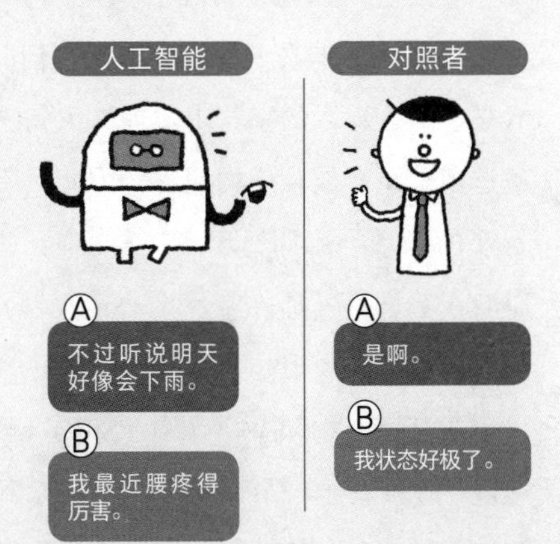

❸ 测试者判断哪个是人做出的回答

测试者根据双方的回答来判断出哪个是人。

→ 能蒙骗超过30%的测试者的人工智能被视作“拥有智能”。

008 聊天机器人到底听懂了多少

图灵测试问世以后，研究者们接连研发了“ELIZA”等能与人类自然对话的人工智能，但其原理过于简单，实在还说不上是“拥有智能”。

ELIZA 说话是“智能”吗

1966 年，麻省理工学院开发了人工智能 ELIZA（伊莉莎）。ELIZA 被赋予一名心理治疗师的身份，可以与扮演患者的人对话。如果患者输入“最近，我很担心”，ELIZA 会回问“从什么时候开始的”。患者继续输入“从 10 月份开始的”，ELIZA 又会回答“请你详细说明一下”。

这些对话乍看上去十分自然，但其背后的原理其实非常简单。ELIZA 只是从对方输入的字符串中提炼出句子结构和关键词，然后将预先设定的备选模式组合成相应的回答。因此，ELIZA 无法回溯之前的对话，考虑上下文的联系。比如，患者接着前面的对话继续输入“我女朋友不理我”，ELIZA 会回答“那你是什么心情呢”。这表明它完全忽视了患者之前输入的“最近，我很担心”这句话。

1972 年，另一个人工智能 PARRY（帕里）问世。PARRY 被设定为“具有特殊特点的人”——精神分裂症患者，它表现得更像人一些。实际上，PARRY 成功地骗过了多名精神科医生。后来又陆续出现了许多同类型的人工智能。

聊天机器人是人工智能吗

可能很多人都会觉得 ELIZA 和 PARRY 不应该算是人工智能。实际上，ELIZA 的发明者自己也没有把它看作人工智能，反而是为了证明“像人一样说话≠拥有智能”才发明了它。

尽管如此，处理自然语言的人工智能所表现出的“人性”给人们带来了极大震撼，引发了热烈争论。如今，这些程序被归类为“聊天机器人”。

术语解说 自然语言：指人类通常使用的语言，其特点是人们在日常生活中“自然而然”产生的语言。编程语言等是人为创造出来的语言（形式语言），所以不能称为自然语言。

像真人一样（？）对话的聊天机器人

聊天机器人问世了，它们能用语言与人类交流，尽管只是按照特定模式进行简单的对话。

◉心理治疗师“ELIZA”

能够根据用户输入的字符串进行判断，将预先设定的备选模式加以组合后输出回答。大多数情况下，ELIZA与人的对话都不太顺畅，不过如果碰巧最初的对话成功了，那么即使之后略有出入，人们也会认为自己是在与它对话。

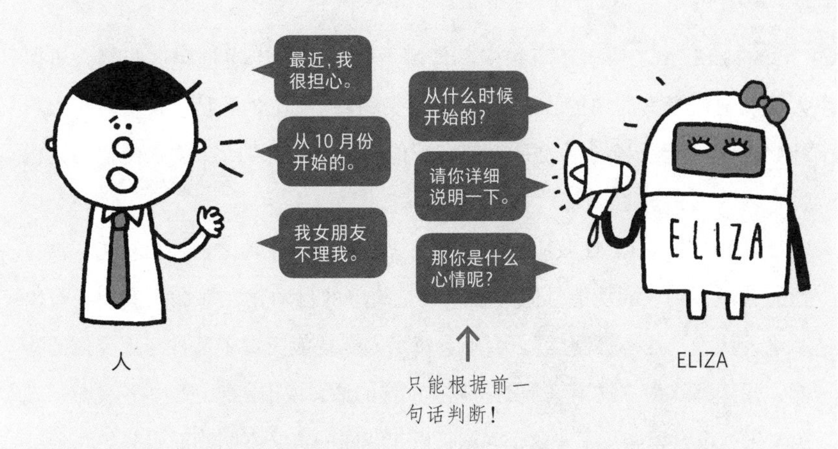

◉精神分裂症患者“PARRY”

PARRY模仿的是一位精神分裂症患者。其基本原理和ELIZA并无区别，不过它像真人一样设定了模式化的信念和感情，最大特点是有着强烈的自我主张，这一点与ELIZA不同。

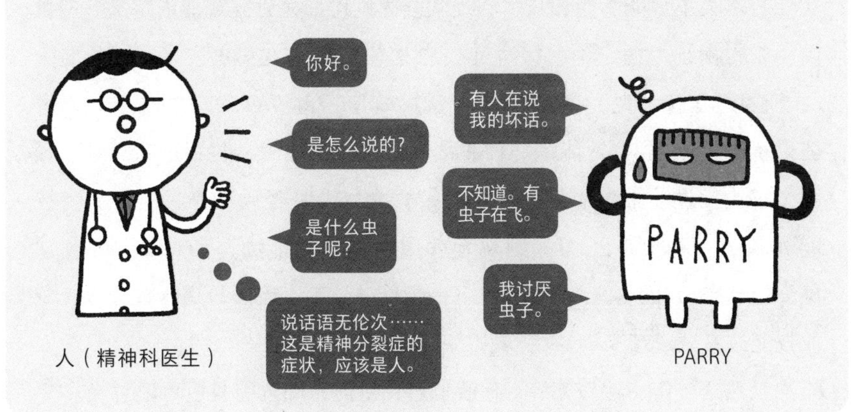

009

像人一样不代表拥有智能

ELIZA 的问世给人们带来了一个疑问："像人类一样"能等同于"拥有智能"吗？这场争论最终引发了人们对"智能到底是什么"的讨论。

"AI 效应"

继 ELIZA 之后，还有很多其他聊天机器人接连问世。这些聊天机器人都能通过极为简单的程序表现出像人一样的反应。于是，很多研究人员开始发现"能顺畅对话与是否拥有智能并没有关系"，逐渐不再把聊天机器人视为人工智能。

这种现象叫作 AI 效应。如果人工智能实现了一种之前被公认为"没有智能就做不到"的功能，但其原理只是简单的自动化，那么人们就会得出结论，认为"这不算智能"。会不会每当人工智能实现了某种与人类似的功能，我们都认为"这不算智能"呢？那样的话，说不定最终的结论就是"人类本来就没有智能"了。这个问题是由于智能的定义不明确而引起的。

什么是智能

日本人工智能学会和日本心理学会等机构都在研究智能的定义，但目前尚未得出统一的定论。1994 年，52 名学者联名在美国发表了一份名为《主流科学之智力观》(*Mainstream Science on Intelligence*) 的报告，对智能做了如下定义："智能是一种非常普遍的心智能力，包括逻辑思维、预测、解决问题、抽象思维、理解复杂概念以及从经验中学习的能力。智能表现为一种更广泛而深刻地理解周围事物的能力，如'理解各种现象''领会语言的含义''推导出下一步行动'等，无法只用学校教育、专业技能或考试成绩来衡量。"

虽然这个定义比较笼统，但我们可以由此得知智能具有广泛意义。

AI 效应和智能的定义

AI 效应是由于“什么是智能”的定义过于模糊引起的，这个问题看起来简单，实际上非常深奥。

◉ AI 效应

人工智能产品或程序问世。

受到社会的广泛关注，许多人对技术进步感到欣喜。

人们因为发现它们并没有想象中那么智能而感到失望，认为“这不算智能”。

◉ 智能的定义

专家给出的定义各不相同

《主流科学之智力观》对智能的定义

理解各种现象的能力

领会语言的含义的能力

推导出下一步行动的能力

智商：智商是人的智力商数，一般来说，中间值 100 代表了平均水平。通过 IQ 测试可以得知智商是多少，鉴定智力障碍和一些入学考试会测智商。

010 人工智能并不理解语言的真正含义

越来越多的人认为“仅凭对话无法判断机器是否拥有智能”，但另一方面，我们又可以通过对话了解对方的智能水平。人工智能使用语言与人类有什么不同呢？

符号接地问题

对方说出一个词，我们就能够明白这个词所代表的概念。而人工智能则只是按照预先编好的模式输出词语，并不理解词语本身的意思。比如，人们一听到“猫”这个词，就会联想到这种动物的样子，但聊天机器人在对话时并不知道猫是不是动物。只要在程序中编入“猫→被抓”的内容，人工智能就会在遇到猫的话题时，回答“我昨天被猫抓了”，但这并不代表人工智能明白猫的概念。

也就是说，人工智能使用的语言不过是符号而已，与我们生活的世界毫无关联。如何将人工智能的语言与我们的世界联系起来呢？这个课题叫作符号接地问题。现代人工智能研究目前尚未解决这个问题。

“中文屋”思想实验

谈到上述讨论，就不能不提到哲学家约翰·罗杰斯·希尔勒的“中文屋（Chinese Room）”思想实验。首先把一本翻译手册交给一个不懂中文的人，把他关进一个带窗口的密闭屋子。然后，让会中文的人在外面用中文写一张字条，从窗口递给屋子里的人。屋子里的人看不懂信的内容，只是根据翻译手册找到对应的回答，递给屋外的人。于是，屋外的人就会觉得两个人在“对话”，认为屋子里的人能看懂中文。这个例子说明即使不懂语言的含义也能进行对话。

看来确实不能只根据对话能力来判定人工智能有没有智能。

符号接地问题和中文屋

只要事先编好程序，人工智能就能通过符号组织起看似成立的对话，但其实它并不理解语言的含义。

◉符号接地问题

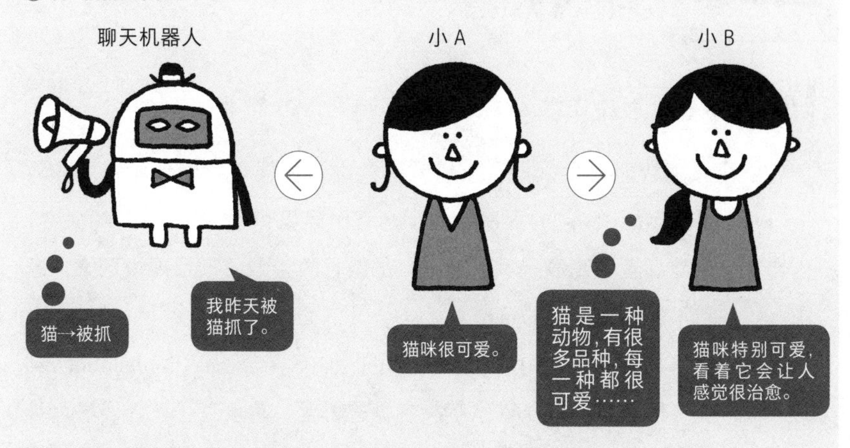

聊天机器人只是根据预先编好的程序化符号进行回答，而人能理解“猫”这个词所包含的概念和含义，经过适当的判断做出回答。

◉中文屋

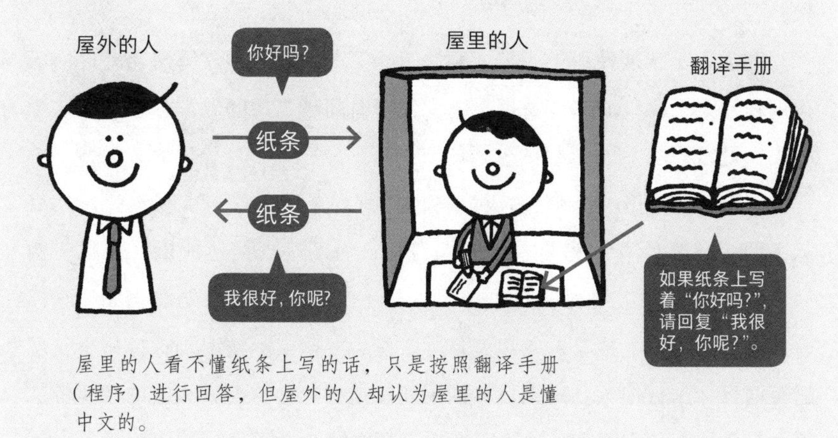

屋里的人看不懂纸条上写的话，只是按照翻译手册（程序）进行回答，但屋外的人却认为屋里的人是懂中文的。

针对符号接地问题的反面观点：也有人认为，即使人工智能不能正确理解符号的含义，也可以进行表面交流，解决问题。因此对人工智能而言，这个问题并不重要。

011

仅靠搜索解决问题的人工智能

人工智能虽然不理解语言的含义，但在不需要使用语言的国际象棋和高难度智力游戏上却取得了出色的成绩，这要归功于搜索算法的进步。

在国际象棋比赛中击败人类，解答高难度智力游戏

早在人工智能诞生以前，人们就曾尝试让机器学习国际象棋。1967年，一个叫作 Mac Hack 的程序参加了麻省国际象棋锦标赛的 18 场比赛，达到了业余爱好者中高级玩家的水平。虽然它的能力还不及顶级玩家，但让人们看到了进一步发展的希望。

此外，一种名为“通用问题解决程序”（GPS, General Problem Solver）的人工智能可以设定不同条件来解决各种智力题。它攻克了“汉诺塔”难题，引发了热烈讨论。汉诺塔的原理很简单，由 3 根柱子和圆盘组成，每增加一个圆盘，步数都会成倍增加，解法变得更加复杂。

设定短期目标，提高搜索速度

此类人工智能使用的是搜索算法（→第 34 页）。搜索算法需要逐一确认正确答案，所以面临着数据量越大耗费时间越久的问题。为了突破这个瓶颈，可以采用手段一目的分析的方法。

手段一目的分析指在达成最终目标前，先设定若干步骤作为短期目标，即先解决计算更为简单的短期目标，而不是直接达成最终目标。例如，国际象棋的最终目标是吃掉对方的王，那么就可以先设定如“吃掉后”“吃掉兵”“吃掉车”等短期目标，然后根据实际情况，选择易于实现的短期目标进行搜索。短期目标的不同设定方法会给搜索算法的性能带来很大差异，不过用这个方法可以解决很多领域的问题。

通过搜索大展身手

人工智能擅长“搜索”，即逐一确认正确答案，手段 - 目的分析的出现进一步提升了人工智能的搜索能力。

◉汉诺塔

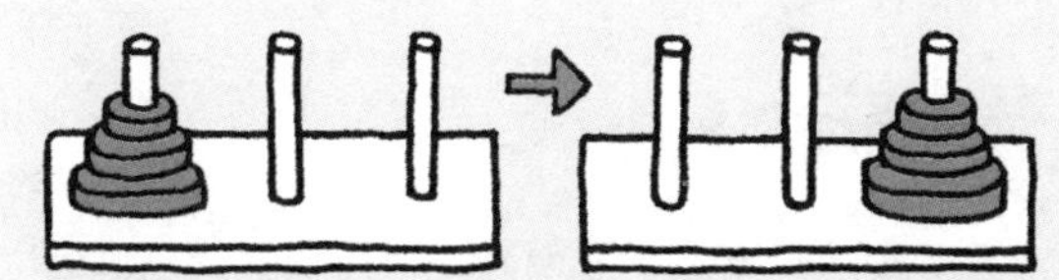

把所有圆盘移到另一根柱子上即为成功，可以将每个圆盘分别移到其他柱子上，但不能把大圆盘放在小圆盘之上。

即使圆盘数量增多，人工智能也能轻松解决这个问题。

◉手段 - 目的分析（以国际象棋为例）

普通搜索

最终目标

吃掉对方的王

存在无数种可能的解法，所以找不到正确走法。

手段 - 目的分析

短期目标

吃掉对方的后

吃掉对方的兵

吃掉对方的车

达成任意一个短期目标即可，因此可以很快找到走法。

“短期目标”只是为了快速实现“最终目标”，先设定一个短期目标，可以减少要搜索的路径，所以在国际象棋中可以使用搜索算法。

Mac Hack 的战绩：与普通人的对战胜率可达到 80% 以上。1967 年 Mac Hack 的国际象棋等级分为 1670 分（普通人为 1000 分左右）。在同年举办的麻省国际象棋锦标赛上，Mac Hack 的战绩为 3 胜 12 败 3 平（参赛者的平均等级分为 1800 分）。

012 框架问题：要考虑无数种可能

搜索算法需要逐一确认所有可能的选项，但现实世界中存在无数可能性，这就是框架问题。

组合爆炸：需要考虑的可能性急剧增多

国际象棋和汉诺塔等智力游戏的规则都十分明确，因此从理论上讲无须考虑规则以外的情况，但现实世界却不是这样。

比如在下棋时，对方可能作弊，一次连走好几步棋，或者干脆掀翻了棋盘等。在汉诺塔游戏中，也可能遇到柱子弯了，或是圆盘大小不规则等意料之外的情况。还有可能出现第三者突然介入游戏，或是同时发生作弊和第三者介入的情况。

像这样，如果考虑到所有可能性，需要讨论的组合选项数量就会呈爆炸式增长。这个现象叫作组合爆炸，是人工智能要扩展应用时必须面对的问题。

框架问题

对人而言，组合爆炸并不是什么严重的问题，因为我们能排除无关紧要的情况，对其不予考虑。但人工智能要把所有可能性至少都考虑一遍，而要考虑到包括作弊和外力介入等所有情况是不可能的。

因此需要由人来划出界线，为人工智能需要考虑的情况制定一个框架，对于框架之外的情况就全部不予考虑。如果这时把作弊和外力介入的情况排除在框架之外，就可能会因为未发现对方明显的作弊而输掉比赛。设置框架可能会漏掉某些可能出现的情况，而去掉框架又会导致因为考虑过多情况而无法决断。这就是人工智能的框架问题。

组合爆炸和框架问题

如果连作弊和外力介入等所有不确定因素也要逐一考虑，就会发生组合爆炸。

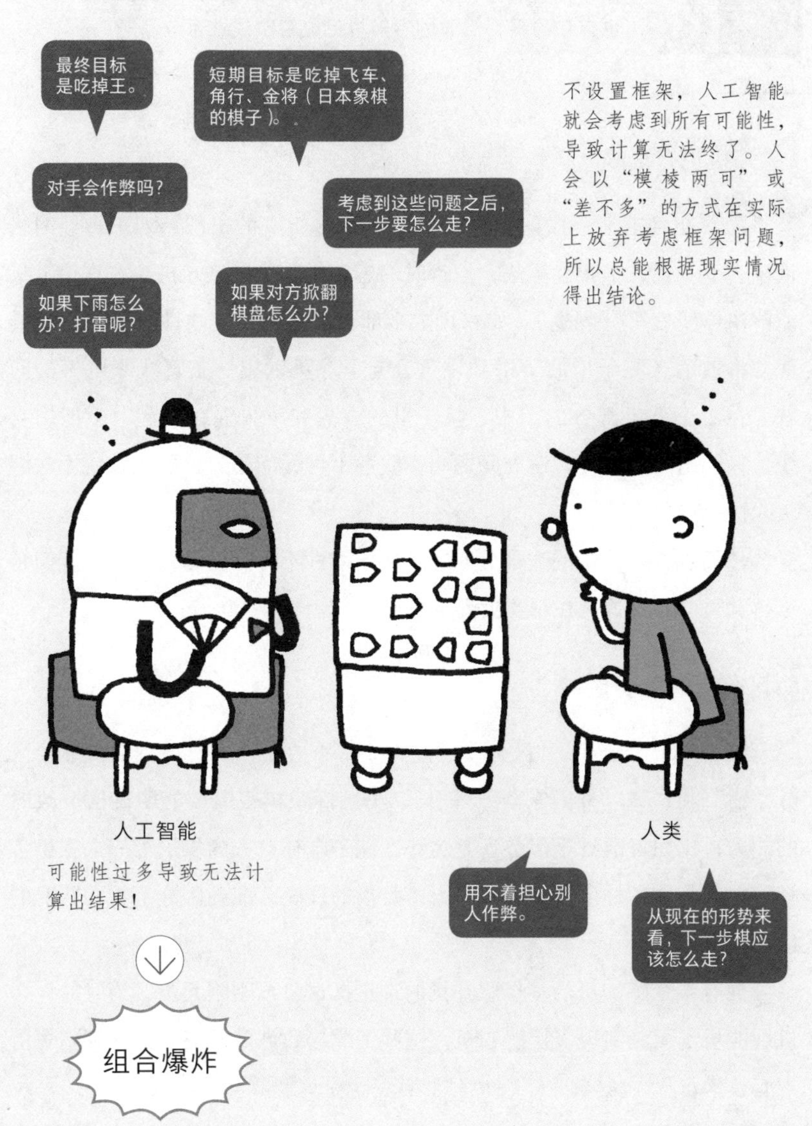

013

人工神经网络的局限

除了搜索算法，作为人工神经网络的核心，感知机在理论上也存在局限，当时的感知机只能解决线性可分问题。

感知机也有局限

随着能自主学习权重的感知机（→第 38 页）的出现，人工神经网络被视为下一代人工智能算法，但当时的感知机（单层感知机）在理论上只能解决“线性可分问题”。如右页上半部分的图所示，线性可分问题指类似“将散落在院子里的苹果和香蕉分开”等可以用一条直线来解答的问题。在右页下半部分的图中，院子里的香蕉和苹果混在一起，不能用直线，只能用曲线分开，这类问题叫作线性不可分问题，单层感知机无法解决线性不可分问题。

然而现实生活中的大部分问题都属于线性不可分问题，这也让人们越来越觉得“人工智能在现实世界行不通”。

“区分”的重要性

在智能活动当中，“区分”的能力非常重要。比如，识别猫就需要区分“猫”和“猫以外的东西”。同样，下国际象棋也需要能明确区分战况的能力，比如目前处于优势还是劣势，能否吃掉对方的棋子等。人在思考过程中会做出各种区分。要提升人工智能的性能，准确区分事物和状况的能力必不可少。

拥有多个感知机的多层感知机的理论探讨阶段刚刚起步，当时的计算机性能根本无法实现多层感知机。这些情况导致许多研究人员认为“凭借现有技术水平无法实现人工神经网络”，于是就此放弃了深入研究。

感知机缺少“区分能力”

感知机只能解决线性可分问题，这对处理实际问题而言是个致命缺点。

❶ 线性可分问题

能在平面上用一条直线分开的问题，例如可以用一条直线区分开图中的苹果和香蕉。

感知机可以毫不费力地区分苹果和香蕉！

❷ 线性不可分问题

如果苹果和香蕉的分布比较散乱，就无法用一条直线区分了。

感知机无法区分！

马文·明斯基：达特茅斯会议的发起人之一，他指出了单层感知机的局限性。他是1969年图灵奖获得者，《2001：太空漫游》的顾问，被誉为“人工智能之父”。

014

感觉比逻辑更难模拟

到了 20 世纪 70 年代，由于诸多瓶颈的出现，之前持续高涨的人工智能浪潮开始走向衰退。在这个过程中，人们发现“很多对人类来说易如反掌的事对机器来说却难上加难”。

对人类来说很简单的事情，对机器来说却很难

人工智能问世之初，很多人看到它们能快速解答数学难题和高难度智力游戏，便认为“人工智能很快就会变得比人更聪明”。然而，之后的人工智能研究并未取得预期成果，这使许多研究人员和投资者陷入失望。人工智能学者汉斯·莫拉维克和马文·明斯基等人指出，人工智能之所以未能取得预想中的进步，原因在于“对人来说很简单的事对机器来说却非常难”，这就是“莫拉维克悖论”。

越是孩子都能轻松做到的事越难

对人而言，推理是一种高级思维。拥有这种能力，便能从许多事物中找出共同规律，推导出结论，这也是人类明显优于其他动物的地方。多数情况下，这种能力是通过学习和锻炼培养起来的。对人工智能而言，推理非常简单。人工智能的思维回路本身就是一个基于数学理论的“推理装置”，因此人工智能可以毫不费力地依据逻辑进行思考，解决复杂的问题。

另外，感知问题则截然不同。比如，人工智能很难区分出不同人的脸，近年来，人工智能只是“识别出了猫”就引起了巨大反响。其他诸如语音识别、语言能力、运动能力等对孩子来说是与生俱来的，对人工智能而言却是一大难题。实际上，这些人类与生俱来的能力反而需要极高程度的智能。

人类经过数千万年的进化才获得了这些能力，人工智能现在仍处于“进化”的过程当中。

莫拉维克悖论

计算机虽然拥有惊人的运算能力，但并非无所不能，这是人工智能研究遇到的第一个瓶颈。

◉计算机的长项和弱项

人工智能有时可以轻松地解答成年人解不出来的数学难题和逻辑游戏。

孩子顺其自然就能做到的事，如“双足行走”“识别画像”“识别声音”“理解句子”等，人工智能却很难做到（最近终于能做到一些了）。

◉人类经过漫长的进化获得的能力

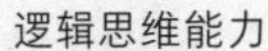

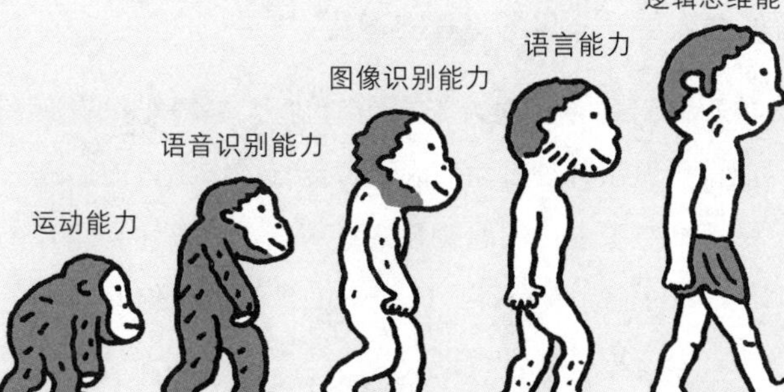

人类的大部分感知能力都是在漫长的进化过程中奇迹般地获得的，这些能力很难用数学方法模拟。

对人类来说很简单的事情，对机器来说却非常困难。

莫拉维克悖论

015

“强人工智能”和“弱人工智能”

人工智能是完全不同于人的存在。随着这个认识的不断加深，人们开始将人工智能区分为“像人类一样的人工智能”和“其他人工智能”，也就是“强人工智能”和“弱人工智能”。

强人工智能：像人一样思考，甚至拥有意识

虽然人工智能研究者的立场各不相同，但他们研究的目标是一样的，都是“用计算机模拟人类的智能”。然而至今为止，人工智能还不能说“模拟了人类的智能”。于是为了加以区别，真正拥有与人类同等水平智能的人工智能被称为“强人工智能”。

“通用人工智能（AGI，Artificial General Intelligence）”与强人工智能的概念相似。通用人工智能的目标是最终实现一种人工智能胜任人类的所有工作。通用人工智能只关注功能的范围，而强人工智能的含义中除了功能，还包括“拥有像人类一样的意识”等特点。从这个意义上看，强人工智能尚未出现。

弱人工智能：看似像人类一样思考，其实不然

与“强人工智能”相对的是“弱人工智能”。弱人工智能指表面上看起来能像拥有智能一样做出各种行动的人工智能。弱人工智能的概念将人工智能实际上是否拥有智能的问题暂且搁置一边，只关注它能否让人觉得它很“聪明”。从功能范围来看，这种人工智能也叫作专用人工智能。

弱人工智能和专用人工智能只能完成人类的一部分工作，如“打扫”“翻译”“识别语言”“识别人脸”“预测路线”“下国际象棋”等。如今我们所说的人工智能都是弱人工智能和专用人工智能。一些由于AI效应（→第44页）的出现不再被称作人工智能的程序也都属于弱人工智能。

强人工智能和弱人工智能

强人工智能与弱人工智能之间有着天壤之别。前者真正拥有与人类同等水平的意识和智能，而后者只是看似拥有与人类相同的智能。

❶ 强人工智能（通用人工智能）

“做饭”“打扫房间”“玩游戏”等，只要是人能做到的事，强人工智能都可以做到。此外，它还能完成人类无法胜任的任务，如“在一瞬间完成复杂计算”“同时听懂多种声音”“准确预测未来”等。

强人工智能拥有和人类相同甚至超越人类的智能，可以和人类顺畅交流，进行高级逻辑思考。

→ 真正意义上的强人工智能尚未诞生。

❷ 弱人工智能（专用人工智能）

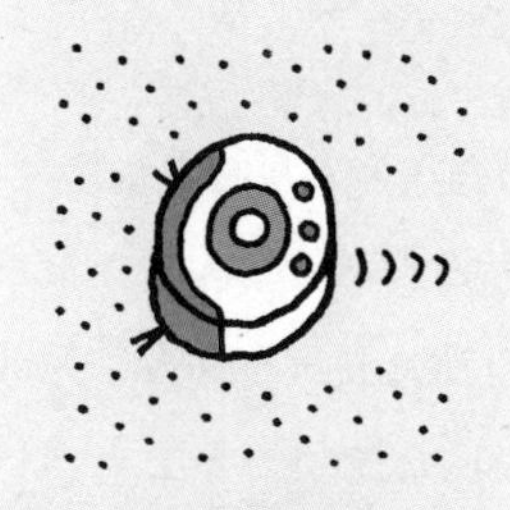

扫地专用机器人。它能改变方向和路径，在避开障碍物的同时打扫垃圾（不具备其他功能）。

日本象棋专用人工智能。它能根据对方的走法，找到合适的走法并下出最佳的一步（不具备其他功能）。

→ 目前的 AI 基本上都是弱人工智能！

强人工智能和弱人工智能的界限：强人工智能和弱人工智能今后将会越来越难区分。例如由专用人工智能（弱人工智能）集合组成的复合功能型通用人工智能属于哪一类，目前还没有明确的标准。

016 “人工智能寒冬”和春天的气息

20 世纪 60 年代后半期到 70 年代前半期，面对毫无进展的人工智能研究领域，社会上的不满越来越明显，美国和英国终止了对人工智能研究机构的政府资助。

美国和英国终止了政府资助

1966 年，美国自动语言处理咨询委员会发布《ALPAC 报告》，揭开了人工智能寒冬时代的序幕。该委员会经过调查，对当时正在推进的机器翻译研究得出的结论是“机器翻译在可预见时期内不可能实现”。受这份报告的影响，美国国家研究委员会终止了对人工智能研究机构的政府资助。

雪上加霜的是，1973 年公布的《莱特希尔报告》称“人工智能无法解决组合爆炸问题”，英国政府根据这份报告终止了对各大学人工智能研究部门的财政支持。

当时的计算机价格非常昂贵，人工智能研究需要庞大数额的资金和设备，因此这些措施直接打击了整个英美的研究机构，他们当时从事的是人工智能最前沿领域的研究。

即便如此，研究人员依然没有放弃

尽管环境如此恶劣，研究人员却并没有放弃，仍有很多人在暗中坚持。他们将技术应用到更容易获得资金支持的领域，或者投入不需要大规模设备的理论研究中。这些研究不断累积，最终结出了自动驾驶汽车和专家系统的果实。在理论方面，也出现了多种能够打破神经网络瓶颈的方法。

不过实现这些方法所需的资金、技术以及高性能计算机还要再过一段时间才会出现。在这一时期，很多过去的成果都由于 AI 效应被视为“只是聪明一些的程序”，人工智能的前景依然不被看好。尽管如此，这些情况都无法阻止下一个人工智能热潮的到来。

术语解说 自动驾驶汽车的基础研究：“图像识别”的相关研究可以识别车道线和障碍物，“路线搜索”的相关研究可以找到距离目的地最短且最安全的路线，这些都是现代自动驾驶汽车的基础技术。

“人工智能寒冬”和迎接春天

期待越高，人们就对人工智能研究实际带来的成果感到越失望。不过即使在“人工智能寒冬”时代，也仍有研究人员继续坚持研究。

- □ “机器翻译在可预见时期内不可能实现”（《ALPAC 报告》）。
- □ “人工智能无法解决组合爆炸问题”（《莱特希尔报告》）。

成果远远低于预期，
人们对人工智能越来越失望。

美国和英国终止了对人工智能研究机构的政府资助。

人工智能寒冬

决不放弃的研究人员

- □ 探索如何将技术应用到容易得到资金支持的领域。
- □ 投入不需要大规模设备的理论研究中。

“自动驾驶汽车”和“专家系统”问世，还找到了突破神经网络瓶颈的方法。

等待着下一个春天的到来！

Column 1

开创人工智能先河的悲剧天才艾伦·图灵

说到“最早提出人工智能概念的人”，很多人都会想到艾伦·图灵。他构建了计算机原型，即图灵机。早在“人工智能”这个词问世以前，他就提出了以图灵测试为代表的智能机器理论，为人工智能研究开辟了道路。

1912年，图灵出生于英国。他自幼展现出非凡的数学天赋，22岁就成为大学研究员，并于次年发表了关于图灵机的论文。在计算机尚未问世的当时，这篇论文暗示了计算机诞生的可能。第二次世界大战开始以后，图灵加入了英军的密码破译小组，成功破译了号称不可能被破解的英格玛密码机。战后，世界上第一台计算机问世时，他写了一篇关于智能机器的论文，并手写了一个国际象棋的下棋程序，完全靠自己计算，按照这个程序与其他人对战。遗憾的是，当时的英国禁止同性相恋，图灵因为同性恋的身份获罪，失去了社会地位，被强制服用雌性激素，年仅41岁就英年早逝了。

图灵死于同性恋歧视。进入21世纪，社会价值观发生了巨大变化，图灵的功绩也得到了重新评价，被英国女王赦免无罪。去世之后，他的名誉才终于得以恢复。为了纪念图灵，1966年美国计算机协会以他的名字设立了图灵奖，这个奖项被誉为计算机领域的诺贝尔奖。

如今，图灵作为计算机界的伟人已经名垂青史。他的所有成就都是在成为研究员之后短短15年之内取得的，如果能再多活10年或20年，他也许会改写人工智能技术的发展历程。

CHAPTER 2

主动学习知识的人工智能问世

随着计算机运算能力和存储能力的提升，一度走向衰退的人工智能研究又有了新发展。人工智能获得了相当于专家水平的知识，专家系统诞生了。

017 计算机的运算能力和存储能力大大提高

人工智能研究长期停滞的最大原因是计算机性能的滞后。装有微处理器和硬盘驱动器的第四代计算机的问世彻底改变了这种局面。

第四代计算机的诞生

1970 年英特尔开发了微处理器。在此之前，计算机的 CPU 需要在基板上安装大量被称为晶体管的半导体开关。微处理器就是将小型晶体管组成的“集成电路”密集地装入芯片制成的。

进入 20 世纪 80 年代，计算机发展呈现出小型化趋势（第四代计算机），可以同时处理的数据位数越来越多，从 4 位到 8 位、16 位，再到 32 位。与人工智能的黎明期相比，计算机的性能提高了数百倍，外观也变得更为小巧，这些计算机统称为微型计算机，面向个人销售的计算机统称为个人计算机。

大容量硬盘驱动器问世

随着 CPU 的发展，用来存储数据的数据存储器的性能也在不断提升。硬盘驱动器（HDD）早在 20 世纪 50 年代就已经问世，但当时的形状就像一堆叠置起来的盘片，并且必须插入磁头才能读取数据。这种硬盘驱动器体积庞大，使用起来极不方便。

1973 年，IBM 开发的 IBM 3440（温彻斯特）集磁盘、磁头和转盘为一体，成为现代硬盘的雏形。性能稳定的小型存储器的出现使计算机内置存储器成为可能，将大量小型存储器组合起来，便可以成为存储容量高达数千兆字节的大型存储器。同一时期问世的还有便于人们携带和转移数据的软盘。计算机的处理速度和容量达到原来的数百倍，更便于人们共享信息，人工智能的研究环境迅速成熟起来。

存储器：存储数据的设备。在现代计算机中，硬盘和固态硬盘都属于存储器。聊天机器人需要将对话模式录入存储器中，存储的对话模式越多，对话就越自然顺畅。

计算机性能的提升

自 20 世纪 70 年代以来，高性能的小型化 CPU 极大地改善了计算机的运算处理能力。大容量硬盘的出现使信息共享变得更为便利。

◉ CPU 的发展

20 世纪 50 年代

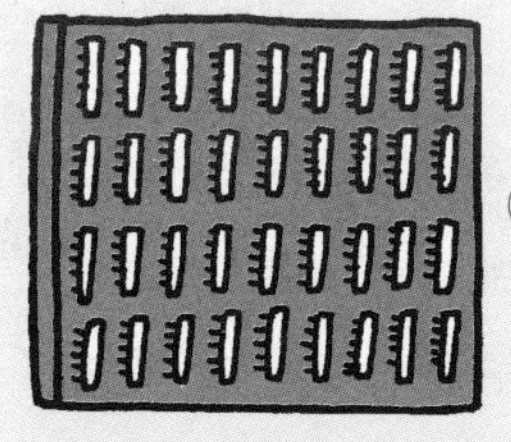

装有大型晶体管的电路

20 世纪 60 年代

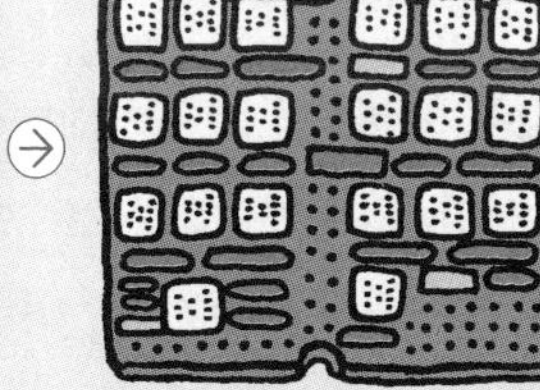

由多个集成电路组成的处理装置（IBM 的 SLT 固态逻辑技术）

20 世纪 80 年代

32 位微处理器（Intel i386 DX）

◉ 硬盘驱动器的演变

20 世纪 50 年代

全世界第一个硬盘，能存储约 5MB 数据（IBM 350）。

20 世纪 70 年代

模块化硬盘，存储容量约为 70MB（IBM 3340）。

018 通过“知识表示”帮助人工智能理解常识

随着计算机的运算能力和存储容量的大幅提高，人工智能研究迈入了一个全新阶段。其中的一项内容就是“知识表示”，即将人类的知识传授给人工智能。

理解了其关联性，符号才能成为知识

知识表示就是将人类知识用便于人工智力理解的方式描述出来。仅仅用符号来表示信息无法成为知识。例如“猫”这个符号，必须在理解它与其他符号之间的关系之后，如“猫是动物”等，才能成为知识。在此基础上，再结合如“动物是生物”“动物不同于植物，动物可以自主行动”等其他信息，就可以得到更多有用的知识。计算机预先定义了表示符号之间关系的符号，如“A 是 B（is）”“A 不是 B（not）”“既是 A 又是 B（and）”等，但这些符号不同于人类使用的自然语言的语法，因此人类语言的语法必须经过重新定义，才能传授给人工智能。

知识表示还有很多其他描述方法。以猫为例，有将猫在生物学上的分类建成数据库的方法，还有描述猫与其他生物的关系的方法，如“人→<宠物>→猫”“猫→<敌对>→狗”等。不过盲目输入过量知识则会导致框架问题（→第 50 页）。

将知识系统化为“本体”

人工智能的知识表示必须确保知识能够高效且正确地形成系统，即本体（概念系统）。这个词原本是哲学术语，后来被用作人工智能知识表示的方法之一。

在数据量持续增长的现代信息社会中，本体也是一种高效运用知识的解决方法。因此，人工智能以外的领域也在开展关于本体的研究。

知识表示和本体

只有掌握符号之间的关联，使其形成系统，才能正确地运用知识。要让人工智能学会这一点并非易事。

◉知识表示的基础

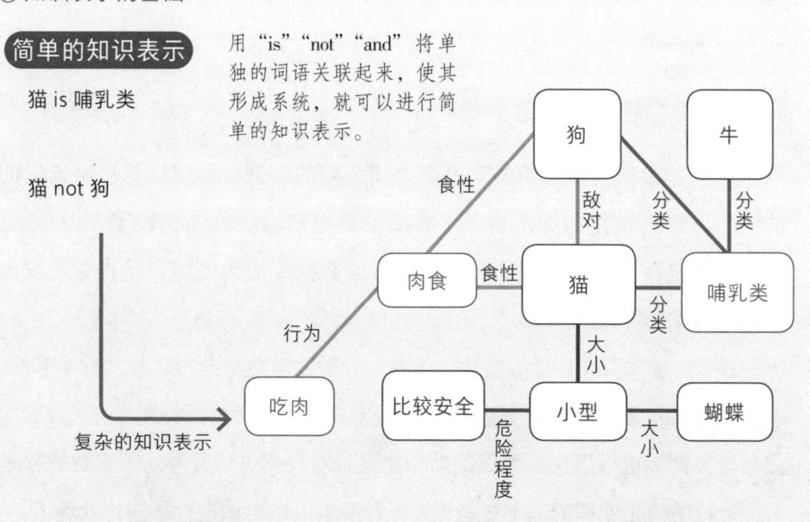

◉没有本体会导致框架问题

正在运送鱼的人工智能机器人（无本体）

只输入知识符号，并不能有效运用这些知识。

正在运送鱼的人工智能机器人（有本体）

只有正确地形成系统，才能有效运用知识。

019 人工智能能用的数据和不能用的数据

知识表示的相关研究越来越多，相继出现了以本体为代表的各种描述方法。同时在数据方面，“结构化数据”也开始得到应用。

结构化数据更便于信息分类

结构化数据是描述符号和数据之间关系的信息，具有计算机可读取的结构。数据结构化的想法自人工智能的黎明期起就已经存在了。近年来，随着计算机存储容量的增大，处理庞大的数据库成为可能，结构化数据也受到了越来越多的关注。

例如，将音乐 CD 导入播放软件时，音乐数据会与专辑名称、歌手名称、歌曲名称等信息关联起来，这就是结构化数据。用这种方法，搜索和播放歌曲都会更方便。也可以说，数据的结构化就是对数据进行分类。大多数数据是人工进行结构化处理的，不过最近人工智能也可以自动进行结构化处理了。

非结构化数据很难分类和搜索

与结构化数据相比，无法实现结构化的数据（非结构化数据）对计算机来说处理起来非常不便。以音乐 CD 为例，就相当于所有音乐专辑的曲目都按照“音频文件 1”“音频文件 2”排列，没有关于曲目名称的任何相关信息。这样一来，我们就无法对歌曲进行分类，也很难搜索（导出）音乐数据。几乎所有数据最初都是非结构化数据，必须经过人（或人工智能）进行结构化处理。

结构化数据和非结构化数据的界限会因播放软件的不同而有所变化。比如对于音乐播放软件来说，带有歌手相关信息的音乐文件就是结构化数据，而对于歌词搜索软件来说，这些文件没有关于歌词的信息，因此不是结构化数据。

结构化数据带有附属信息

对数据进行结构化处理所需的附属信息称为元数据和标签。有了附属信息，人工智能就能理解这些数据了。

◉为音乐数据添加元数据，使其成为结构化数据

歌曲名称和歌手名称等附属信息叫作元数据。添加了相关的元数据之后，数据就可以作为结构化数据处理了。

元数据可以帮助人工智能实现一些简单操作，如“按照歌手分类播放歌曲”“创建喜欢的播放列表”等。

◉为照片添加标注，使其成为结构化数据

“标注”指为照片中的内容添加相应的标签，标注可以将图像变成结构化数据。

有了标注，人工智能也能明白“照片上有小A、小B、小C和寺庙”，知道这是什么照片。

术语解说 元数据、标签：指用于说明数据的数据（附属信息）。图像和视频中的“标签”是一种元数据。使用元数据和标签搜索数据以及给数据分类，可以更高效地管理数据。

020

专家系统的兴起

随着数据结构化方法的出现，人们开发出能够使用此类数据库的软件，这就是掀起了第二次人工智能热潮的专家系统。

专家系统是一面“魔镜”

20 世纪 70 年代，人工智能虽然获得了解答高难度谜题的推理能力，但无法解决知识方面的问题。随着知识表示和计算机技术的进步，除了拥有高级推理能力的人工智能，能够有效利用结构化数据的专家系统也诞生了。

专家系统就像一面“魔镜”。例如，诊断疾病的专家系统可以向用户提问“喉咙痛吗？”“血液检查的数值是多少？”然后根据回答参照数据库显示出相应的疾病名称。斯坦福大学研发的医疗诊断专家系统 Mycin 针对败血症做出的诊断已经达到了 69% 的正确率。尽管这个比例低于专业医生（80%），但也足以广泛应用于小型医院了。

专家系统只是将大量诸如“如果 A，得到 B”的规则汇集到一起，作为人工智能技术还不够成熟，但在能进行知识处理这一点上，已经取得了很大的进步。只要增加或者更改输入的知识和规则，人工智能就能变得更聪明，应用领域也会更广。

现实社会的专家系统

专家系统诞生于美国，之后被引入日本和一些欧洲发达国家。专家系统不仅限于医疗领域，还可以用于将风险因素转换为数据的“风险预测”、与现代金融科技密切相关的“金融投资顾问”、计算出最佳路线的“行为优化”等。从这个时期起，人工智能开始大规模投入实际应用。

不过专家系统有一个缺点，必须由工作人员手动输入数据。研究人员发现了这个问题，开始探索新的方法。

术语解说 金融科技：由英文单词 Fintech（financial technology 的缩写）翻译而来，指用于金融领域的数字技术，如现已问世的能辅助人们投资理财的人工智能。

专家系统的基础和普及

除了具备高级推理能力之外，专家系统还能够处理各种知识，已经在各个领域投入应用。

◉ 专家系统的基础

专家系统指将专家的知识（数据 + 规则）进行结构化处理，并传授给人工智能的系统。

医疗专家系统

询问患者的各种症状，并根据回答找到疾病的名称和诊疗方案。

患者

通过“是”“不是”以及具体数值来回答专家系统的提问。

◉ 专家系统的普及

将风险因素转换为数据的“风险预测”

逐一输入当前的状况，系统根据这些情况判断是否存在问题。例如，输入产品名称、购买日期和使用年限，人工智能就能计算发生故障的概率和预计会出现故障的时间。

与现代金融科技密切相关的“金融投资顾问”

系统可以在理财方面提出最佳方案。例如，输入目前的资产配置情况和期望收益，人工智能可以规划出最佳的理财方案和预期收益。

计算出最佳路线的“行为优化”

系统规划最佳的行驶路线、飞行路线以及其他最优化行为。例如，输入目的地和出发地点，人工智能可以规划出行路线。

021 让人工智能自主学习概念

专家系统最大的缺点是必须有工作人员手动输入数据。为了创建好用的数据库，需要相关领域的专家大力协助，但人们能手动输入的数据终究是有限的。

手动输入的数据有限

专家系统的核心是正确的知识和规则。为此，需要相关领域的专家手动输入相关知识，数据库完成后也需要不断更新并修正错误。因此，随着应用领域不断扩大，专家系统的弊端逐渐显露出来，持续手动输入数据的难度越来越大。

1984 年启动的 Cyc 项目尝试让人工智能自动学习概念，在输入专业知识之前，先将所有的一般常识转变为结构化数据，也就是试图让人工智能拥有与人同等程度的常识。这个项目取得了一定成果，但经过 30 多年的努力之后，现在仍在进行之中。

如何让人工智能自主学习正确的概念

同时，为更便于人工智能掌握概念，研究人员开始考虑“轻量级本体”。这项研究的目的是让人工智能自动发现信息之间的关联，构建出结构化数据。也就是说，研发人员先教会人工智能如何处理信息，让人工智能按照这些方法将信息转化为知识，IBM 的沃森就是这样诞生的。2011 年，沃森击败了人类的智力竞赛冠军，证明了轻量级本体的有效性。

不过按照这种方法，人工智能掌握的概念有可能是与人的常识大相径庭的，例如同样对于“猫”这个词，人工智能可能会形成与人完全不同的理解。因此，现在也有研究人员在开展与“重量级本体”方法相关的研究，试图将人类的知识准确地传授给人工智能。

如何让人工智能学习正确的“概念”

专家系统暴露出难以操作的问题，因此接下来的课题就是通过各种反复试验，研究怎样才能让人工智能学会知识。

◉轻量级本体

将知识作为信息，采用便于计算机处理的形式。

录入数据并为其大致做出表示关联的标注，错了也没关系。

“狮子”的标注有可能是“肉食动物”“猫”“宠物”。“肉食动物”是对的，“猫”不准确，“宠物”是错的。

人工智能将获得的知识直接付诸实践，出现问题时由研发人员指出并加以修正。

快速且易于使用。

可能是错的。

◉重量级本体

从哲学角度来看也必须是正确描述的知识，尽可能准确表述！

参照专业书和学术书，逐一仔细查找数据。

由人类逐一确认人工智能查找到的数据，并根据相关知识进行系统性描述。

“狮子”标注“猫科豹属”“身长 1.5~2 米”，把有关狮子的所有知识都准确地描述给人工智能。

没有错误，精确。

费时费力。

沃森和人类智力竞赛冠军：沃森参加了美国人气智力竞赛节目《危险边缘》。与两位人类智力竞赛冠军 24000 美元和 21600 美元的最终得分相比，沃森凭借 77147 美元的得分，以绝对优势取得胜利。

022 “数据挖掘”：一种发现知识的技术

在讨论轻量级本体时，“数据挖掘”具有重要意义。为了获取知识，首先要从大量数据中找出有价值的信息。

数据挖掘

“数据挖掘”是指从输入的信息中找到有用关联的方法。数据挖掘与轻量级本体的共同点都是由程序自动找到数据之间的关联，不过轻量级本体需要找到的是“含义”，而数据挖掘则希望能找到“价值”，即无须理解数据的含义，只要判断数据是否拥有价值即可。

数据挖掘既可以处理结构化数据，也可以处理非结构化数据。此外，数据挖掘还有一个重要特征，即人工智能和人都可以利用挖掘到的“有价值的信息”。

超市的纸尿裤和啤酒

“超市的纸尿裤和啤酒”是数据挖掘的一个典型案例。一家超市以收银台收集的大量购买信息为基础进行数据挖掘，发现很多人会同时购买纸尿裤和啤酒。人工智能虽然不明白导致这个现象的“含义”，但是可以挖掘出一条有“价值”的信息：将纸尿裤和啤酒的货架摆在一起，可以提高销售额。这个事例证明了通过数据挖掘是可以发现价值的。

近年来，数据挖掘在各个领域都备受关注。随着人工智能研究的深入，其核心技术也在不断发展。数据挖掘的最大特点是能发现类似纸尿裤和啤酒等具有价值的关系，而人类往往想不到这种关联。人工智能之所以能做到这一点，是因为它只考虑数据在统计上的相关性和相似之处。数据挖掘技术的这个优势，有助于从大量数据中提取有用信息，因此越来越受到人们的关注。

术语解说 文本挖掘（Text Mining）：指以文章为对象的数据挖掘，适合从用户需求、社交媒体投稿等文本数据中提取信息。

什么是“发现价值”

数据挖掘不考虑信息的含义，只负责发掘隐藏在信息背后的全新价值，找出人们用肉眼根本无法发现的关联。

◉数据挖掘的工作原理

数据挖掘技术可以分析那些单独来看没有含义或具有其他含义的信息，从中找到新的信息。

大量文本数据

网络大数据

数据挖掘

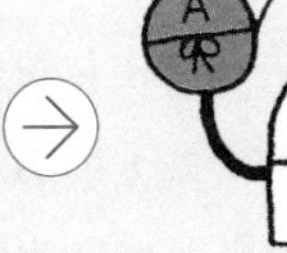

有价值的信息

人工智能收集和分析大量毫不相关的数据，从中提取出关联密切的数据，找到其中蕴含的有价值信息。

◉“纸尿裤和啤酒”的经典案例

数据挖掘只用统计方法去发现有价值的数据，能从看似毫不相关的数据中提取出价值。

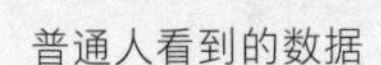

普通人看到的数据

从含义上看，“纸尿裤”和“啤酒”毫不相干，无法发现二者之间的关联。

“很多人同时购买纸尿裤和啤酒”

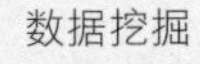

数据挖掘

忽略“纸尿裤”和“啤酒”的含义，从“同时购买”的价值进行分析，从而找到了二者之间的关联。

术语解说 Web数据挖掘（Web Mining）：以网络信息为对象的数据挖掘。从网站的构成和特征中发现有用的信息或趋势，提取出有价值的信息。

023

“机器学习”：靠经验变聪明

前文介绍的“人工智能自主学习”技术就是机器学习，机器学习能通过统计方法为人工智能积攒大量“经验”。

“机器学习”就是人工智能自主学习

“机器学习”指人工智能自主学习的技术。最近随处可以看到机器学习这个词，所以其定义可能会让人感觉比较模糊。

例如，从非结构化数据中获取信息的方法和本书后面将要介绍的深度学习（→第 118 页）都属于机器学习。沃森相当于高级专家系统，它也是通过机器学习来获取知识的。其他诸如根据搜索结果和购买信息掌握用户喜好，输入法自动推荐候选字词和输入法自动联想词组等也都运用了机器学习技术。像这些程序通过自主学习提高准确度的过程都属于机器学习。

从统计数据中学习

机器学习的基础是统计学。沃森运用统计方法对大量数据进行分析，获得了庞大的知识量，从而战胜了人类智力竞赛冠军。国际象棋和围棋人工智能也是通过能有效利用统计和概率的算法（蒙特卡洛树搜索→第 34 页）取得了令人瞩目的成就。有人将这类人工智能视为单纯的“统计程序”，恐怕是受到了“AI 效应”的影响。

对机器学习来说，统计数据就像人们的“经验”。人通过亲身体验、听取他人传授、阅读书籍等渠道获得各种经验，并不断学习。这些经验就相当于人工智能的“统计数据”。不过人工智能使用的统计方法不如人类经验那样高效，因此人工智能必须要有大数据才能学习。人工智能就像那种虽然学知识很费劲，但只要花费足够的时间和精力就一定会有进步的孩子。

机器学习和人类学习

和人类的学习过程相比，利用统计方法的机器学习效率比较低，因此需要大量数据。

机器学习

通过读取各种统计数据来学习。

人工智能无法像人一样通过观察和接触实际动物进行学习，它只能通过图像学习，因此需要大量数据才能掌握动物的特征。

人类学习

人类通过亲身体验，听取他人传授，阅读书籍，观看实物来学习。

除了看图鉴，儿童还可以通过观察和接触实际动物来学习，因此儿童在每一次经验中获取的信息量和经验要远远超过人工智能。

024 “监督学习”：同时提供问题和答案

“监督学习”指把问题和答案一起教给人工智能，让它学会解决问题的方法。这种方法的优点是人工智能可以根据答案随时调整解决方法。

用问题和答案训练人工智能学习解决方法

“监督学习”指将问题和答案一起提供给人工智能，让其学会如何解决问题的方法。可能有人不理解把问题和答案一起提供给人工智能有什么意义，其实人工智能可以从中学到解决问题及回答问题的方法。

以图像识别为例，人脸或猫的图像相当于“问题”，“答案”就是对应的人或动物的名称。在监督学习中，这个过程由人来完成，而接下来则需由人工智能对图像进行分析、分类和提取，自动调整解法（推理装置）的参数，以便找出与问题（输入）对应的正确答案（输出）。

这些参数就像给空调设定运行模式时，为了找到最舒适的状态，需要根据当时的室内、室外温度来改变空调的温度、风量和风向。同样，人工智能也会自动调整参数，从而输出与输入对应的最优输出。

反复学习，反复修正

即使没有研究人员的参与，人工智能也能调整机器学习的参数，监督学习的优点在于能在了解答案（输出）的同时调整参数。

例如，同样是“山田一郎”的照片，由于拍摄角度、面部表情、光线等不同，每张照片看上去都会略有差别。但是看到无论哪张照片，人工智能的输出（答案）都应该是“山田一郎”。为此，人工智能需要根据很多张不同的图像（输入）反复学习，无论再看到“山田一郎”的哪张照片，都能以较高准确率得出正确答案。

术语解说 参数：根据条件和目的而变化的变量。例如就“抓取强度”这个参数而言，数值过大会破坏物体，而数值过小又无法抓住物体。人工智能可以通过训练，学习如何设定最合适的参数值。

监督学习的原理

监督学习的关键在于“同时提供问题和答案”。

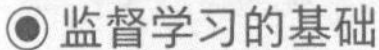

◉ 监督学习的基础

研发人员将问题（迷宫）和答案（终点）一起提供给人工智能。人工智能通过观察问题和答案，思考解决方法（到达终点的方法）。

让人工智能解决多个问题，在反复输出正确答案和错误答案的过程中，提高得出正确答案的能力。

◉ 如何训练人工智能识别“猫”的图像

1. 将猫的照片和答案“猫”一起提供给人工智能

= 猫 māo Cat

≠ 猫 māo Cat

同时提供猫和其他动物的图像，进行比较。

2. 提供猫和其他动物的图像，让人工智能回答

猫！ 猫！ 狗！

人工智能

通过反复输出正确答案和错误答案，人工智能可以自主学习如何判断图像是不是猫。

人工智能通过训练掌握了猫的特征，就可以识别出猫了。

025 “无监督学习”：持续提供问题

相较于监督学习，“无监督学习”是一种只提供问题、不提供答案的训练方法。无监督学习与轻量级本体和数据挖掘相同，都需要人工智能借助有价值的关联进行自主学习。

只提供问题，让人工智能发现数据之间的关联

无监督学习指不提供答案的机器学习。大家可以参考轻量级本体（→第 70 页）和数据挖掘（→第 72 页），二者都是由人工智能自动找出概念或有价值的信息。无监督学习和这些方法一样，目标是从数据之间找到关联（关系、共同点、相似点）。

在人识别脸和文字时，特征会起到非常重要的作用。正因如此，即使面部表情和字形不同，我们也能做出正确的判断。无监督学习也需要人工智能自动发现特征并进行学习，区分出“这是田中，这是山田”“这是 A，这是 B”。有新闻报道人工智能利用深度学习（→第 118 页）识别出了猫，这正是无监督学习的效果。

无监督学习无法根据答案（输出）调整参数，而是观察输入数据之间的关联，同时调整参数，从而明显区分出不同特征。

监督学习 + 无监督学习成为主流

现在机器学习的主流是监督学习和无监督学习相结合的方式。监督学习的优点是便于调整参数，但必须由相关人员手工创建带有答案标签的结构化数据。相比之下，无监督学习的优点是能处理没有答案的非结构化数据。深度学习就是通过监督学习训练一部分人工神经网络，再从整体上通过无监督学习来解决各种问题。

术语解说 半监督学习（Semi-Supervised Learning）：指无论有没有答案都可以学习的人工智能，通过无监督学习找出特征，同时通过监督学习调整与正确答案之间的误差。

无监督学习的原理

无监督学习只提供问题，让人工智能从中自动找出共同特征。

◉ 无监督学习的基础

只提供问题（迷宫），不知道答案（终点），人工智能只能通过反复试错，自动找到终点。

通过解决多个问题，人工智能会从不同迷宫之间找到共同点，如“这些是迷宫”“可以从终点出去”“这样才能走到终点”等。

◉ 如何让人工智能识别“猫”的图像

1. 提供猫的大量图像

不用提供答案“这是猫”。人工智能会在不同图像之间找到共同特征，所以即使输入了猫以外的其他动物的图像也无妨。

2. 人工智能发现共同特征

人工智能从不同图像中找到猫的相似之处和共同特征，形成一个模糊的印象。人工智能并不知道“猫”这个名称，所以之后需要研究人员为它形成的这个印象加上名称。

026 “强化学习”：提示前进的道路

还有一种主要的机器学习方法是“强化学习”。强化学习也和无监督学习一样，无须提供答案，通过设置奖励来提高学习效率。

让人工智能自己去评价行动的结果

人们在训练动物时，通常会用食物作为奖励。机器学习也有类似的方法，称为强化学习。强化学习的奖励不是食物，而是分数，接近目标就会加分，而远离目标就会减分。强化学习会训练人工智能用这种形式来评价自己的行为，分数增加就是成功，分数减少就是失败。这样人工智能就会学习如何提高分数。

强化学习没有教师，但是有奖励，其优势在于可以通过设定不同的奖励和评价标准来应对各种情况。

在下一步反映上一次行动的结果

强化学习适合用于解决没有明确的正确答案的问题。虽然不需要给定正确答案，但必须判断是否更接近最终目标，这个特点可以帮助强化学习在搜索最短路径和游戏中发挥优势。最短路径获得奖励的条件是“耗时短”，游戏获得奖励的条件是“赢得胜利或得到高分”。

刚开始时，人工智能首先会随机行动。第二次也是随机的，结果好于第一次能获得奖励，否则没有奖励。用这种方式调整参数，在下一次保留好的行动，避免差的行动，反复试错便能逐渐接近最佳方法。

不过在无法判断人工智能的行动是接近正确答案还是远离正确答案时，就不能用这种学习方法。比如在国际象棋中，如果对手的实力在不断提高，人工智能无论如何学习都无法缩小差距，那么就很难评判结果的好坏。也就是说，只有在环境不变的前提下，强化学习才能发挥作用。

强化学习的原理

强化学习可以通过设定奖励和评价标准训练人工智能为了获得更多奖励而找出最佳方法。

◉强化学习的基础

第一次

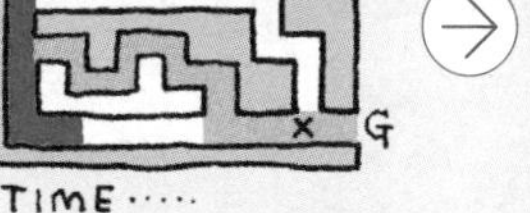

第一次在迷宫里随机行动，找到终点。到达终点所用的时间就是第二次行动的评价标准。

第二次

第二次在迷宫里也是随机行动，如果比第一次更快达到终点就加分，反之则减分。

第三次

第三次行动以第二次行动的评价为基础，人工智能会为了得到更多分数，寻找更快达到终点的方法。

◉通过强化学习变得更聪明

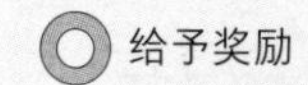

如果得到奖励就会维持同样行动。

如果受到惩罚就会避免同样行动。

选择正确的路线就会得到奖励，选择错误的路线会受到惩罚。人工智能就像人一样，喜欢奖励讨厌惩罚，因而会努力找出正确的路线。

人脑也在进行强化学习吗：动物的强化学习是通过大脑的奖励系统实现的，人类也一样。奖励系统会加强成功经验的记忆，人类可以参考过去的成功和失败来决定下一步行动（学习）。

027

会进化的算法：遗传算法

"遗传算法"和强化学习一样，是一种通过反复试错实现成长的算法。生物的进化规律同样适用于人工智能，即通过改变基因来实现进化。

人工智能也能像生物一样进化

人们通过"遗传"获得了卓越的智能。遗传算法通过人工智能模拟这个过程，选择（自然淘汰）优胜的参数，通过交叉（交配）和变异增添细微的变化，从而成为新的参数。

遗传算法和基因的作用基本相同，但改变的只是算法中的参数，算法本身则不会像生物一样发生变异，就好比国际象棋程序并不会通过遗传算法变成沃森或计算机病毒。

遗传算法和强化学习的区别

在保留优胜的参数这一点上，遗传算法看上去与强化学习十分相似。二者在"选择"的过程中有时确实会使用相同的方法，不过遗传算法的参数会在"交叉"和"变异"环节中发生不规则变化，有时反而会导致之前"选择"出来的参数变差，这是两者最大的不同。

因此，遗传算法的缺点是较难调整，学习效率要略低于强化学习。不过遗传算法的优点是参数"选择"带来的影响较小，适用性比较高。也就是说，如果最初设定的奖励和评价标准有问题，强化学习可能就很难得到正确答案，而遗传算法则可以通过交叉和变异在某种程度上接近正确答案。

遗传算法虽然尚未取得令人瞩目的成就，但蕴藏广阔的发展潜力，而且通用性高，目前有很多人都在积极研究这种算法。

术语解说 遗传编程（Genetic Programming）：基本原理与遗传算法相同，不过遗传算法用数值表示基因的状态，而遗传编程用树形结构来表现基因的状态。

遗传算法的原理

遗传算法进行“选择”的过程与强化学习基本相同，不过它可以通过“交叉”和“变异”提高处理特殊状况的能力。

❶ 选择（自然淘汰）

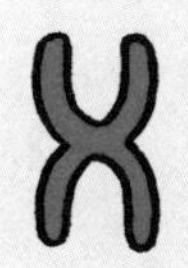

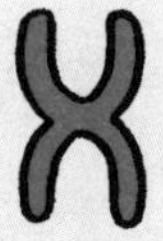

在选择（自然淘汰）的过程中，适应环境（问题）的基因（参数）得以存续，无法适应的基因则被淘汰。

❷ 交叉（交配）

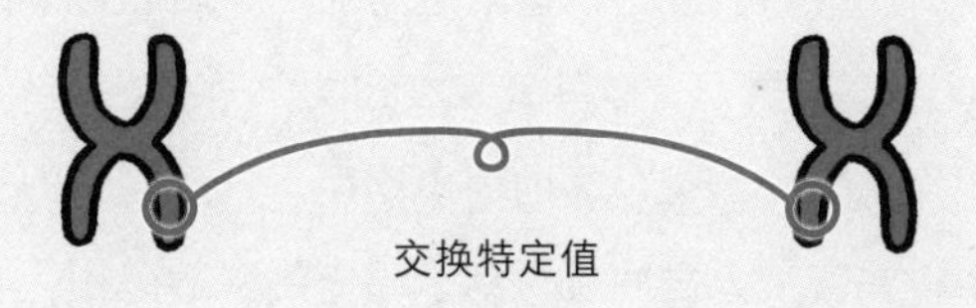

通过交叉（交配），基因的一部分（参数的一部分）互换，于是有两个基因得以存续。

❸ 变异

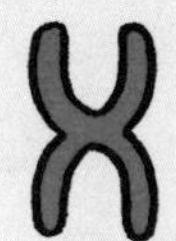

变异会改变某些特定数值，不过出现变异的概率极低，大多数情况下不会发生变异。

有时可以获得其他基因，继续进化。

028 专家系统的衰落和再次停滞的人工智能研究

专家系统的出现和计算机的发展带来了第二次人工智能浪潮。虽然人工智能技术取得了不可忽视的进步，但还没有足够的数据来实现这些技术。

专家系统的衰落和软件的进步

万众瞩目的专家系统需要专业人士不断输入大量的知识和规则，成本问题导致这项技术可应用的领域很窄，逐渐开始衰落。另外，计算机的发展和普及曾经推动了人工智能研究的发展，但也加速了专家系统的衰落。

专家系统兴起的同时，计算机规格也逐渐走向统一。20 世纪 80 年代，研发人员创建出多种通用编程语言，软件开发变得更加容易。这样一来，几个程序员就能轻松制作出一个运行可靠的简单程序。这些简练的软件就能提高日常工作的效率，在普通人之间也得到了越来越多的应用。专家系统逐渐被这些软件取代，失去了用武之地。

没有机器学习所需的数据

实际上，在“第二个人工智能寒冬时代”，研究人员发现了能够突破人工神经网络（→第 38 页）局限性的技术，开创了深度学习（→第 118 页）的基础理论。本体和数据挖掘也开始投入实际应用。也就是说，基于机器学习的图像识别等技术已经到了随时可以开始应用研究的阶段。

但人工智能研究要迈入下一个阶段还面临着一个致命问题：没有足够的数据。即使使用现代计算机，要让人工智能识别出“猫”，也需要 1000 万张图像。在互联网尚未普及的时代，很难收集到这么多图像。而且凭借当时的计算机性能，处理成千上万的图像信息需要耗费数年的时间。

术语解说 编程语言：向计算机发出各种指令的语言，特点是采用便于机器理解的形式，人也很容易看懂。与自然语言不同，编程语言最大限度地消除了语言的歧义。

第二个“人工智能寒冬”

专家系统掀起了第二次人工智能热潮，又在软件的进步和普及带来的影响之下迅速陷入低谷。

◉专家系统的衰落

专家系统

各种软件

专家系统可以得出与专家不相上下的解决方案，但基础数据库需要专业人士手动输入，成本高昂，因此应用领域也变得越来越窄。

20世纪70年代至80年代后半期，“C语言”“C++”“Perl”“Prolog”等编程语言接连问世，编程的范围急剧扩大，出现了许多性能优良的软件。

◉数据远远不够

机器学习的理论和技术已经构建起来

- □人工神经网络的发展
- □深度学习基础理论的建立
- □本体和数据挖掘的实际应用

等

但是……

实际应用研究所需的数据还远远不够！

即使使用现代计算机，也需要有1000万张图像才能让人工智能识别出“猫”。而在互联网尚未普及的时代，根本不可能收集到如此之多的图像。

Column 2

在诸多领域都成就非凡的约翰·冯·诺依曼

学习计算机的人一定听说过冯·诺依曼型计算机。如今大多数计算机都是遵循冯·诺依曼型计算机的原理运行的，如果不知道冯·诺依曼型计算机，也就无法理解计算机。约翰·冯·诺依曼就是创造了冯·诺依曼型计算机的人。诺依曼拥有超凡的计算能力和记忆力，在各个领域都留下了累累硕果。

1903 年，诺依曼出生于匈牙利一个富裕家庭。据说他 6 岁就会计算八位数的除法，10 岁时已经学会了六种语言。从孩提时代起，他的才能便引得世人关注，师从著名数学家，接受精英教育。诺依曼不负众望，17 岁就写出了数学学术论文，同时进入三所大学学习，23 岁便获得了教授资格。从第二年开始，他一边在大学担任讲师，一边以每月一篇的速度撰写论文，不到三年时间就完成了 32 篇论文。后来，他与艾伦·图灵探讨智能机器，还在第二次世界大战时参与了核武器研发。1944 年，诺依曼提出了博弈论，为经济学带来了令人瞩目的进步。1945 年，他设计出冯·诺依曼型计算机，为通用计算机构建了基本原理。同一时期，他还提出了自我复制装置“自复制自动机”。此外，他为数学、经济学、计算机科学和统计学的发展都做出了巨大贡献。1957 年，诺依曼因癌症去世，享年 53 岁。

诺依曼的聪明才智极其罕见，甚至有人怀疑“他实际上是外星人”“他其实是机器人”等。说到历史上的天才人物，一定会提到诺依曼。他是名副其实的天才，对现代社会产生的影响不可估量。

CHAPTER 3

互联网和大数据带来的变化

无论多么出色的智能，如果没有可供学习的信息，就无法获得成长。互联网的出现打破了这道壁垒。互联网可以轻松收集到大量信息，推动人工智能实现了飞跃式发展。

029 互联网的普及和计算机的进一步发展

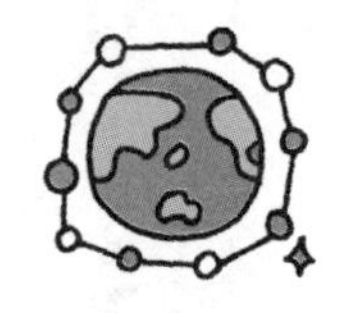

连接世界的互联网逐渐普及，计算机的技术创新验证了摩尔定律，阻碍人工智能研究的巨大壁垒终于被打破了。

网络的普及带来了海量数据

阿帕网是互联网的雏形，于 1969 年诞生于美国。阿帕网采用了具有划时代意义的分组交换通信方式，将数据分组，可以减轻网络负荷，实现多人同时通信。

最初，阿帕网仅用于连接美国国内的研究设施，后来发展为互联网，通过网络将远距离的计算机连接在一起。从 1988 年开始，互联网逐渐在全世界普及，后来终于进入一般家庭，被许多人使用。这意味着一台计算机能获得的数据量实现了爆炸式增长。

计算机的运算能力遵循摩尔定律不断提升

戈登·摩尔是英特尔的创始人之一。1965 年，他在论文中提出了“摩尔定律”。摩尔根据计算机中使用的晶体管数量（密度）逐年倍增这一事实，预测以后每两年左右，晶体管的数量就会增加一倍。这个预测得到了验证，成为预示半导体发展未来的“摩尔定律”。

摩尔预测的晶体管数量，在某种程度上与计算机的运算能力成正比。晶体管密度越大，计算机的运算能力就越强。实际上，从 1970 年“AI 寒冬”到来之后，一直到 1990 年互联网得到普及，在这 20 年期间，计算机的运算能力增长为原来的约 1000 倍，之后又继续稳步增长到 2000 倍，4000 倍。互联网使得多台计算机共享运算资源（内存和 CPU）成为可能，推动人工智能的运算能力得到了进一步飞跃式提升。

术语解说　分组通信：指将数据分为小数据段，实现数据交互的通信方式，用于互联网通信和移动数据通信。分组通信的特点是可以实现多个终端同时通信，信息的可信度高，而且具有通用性。

分组通信和摩尔定律

互联网的普及和计算机运算能力的提升为人工智能研究的进一步发展奠定了基础。

◉ 分组通信

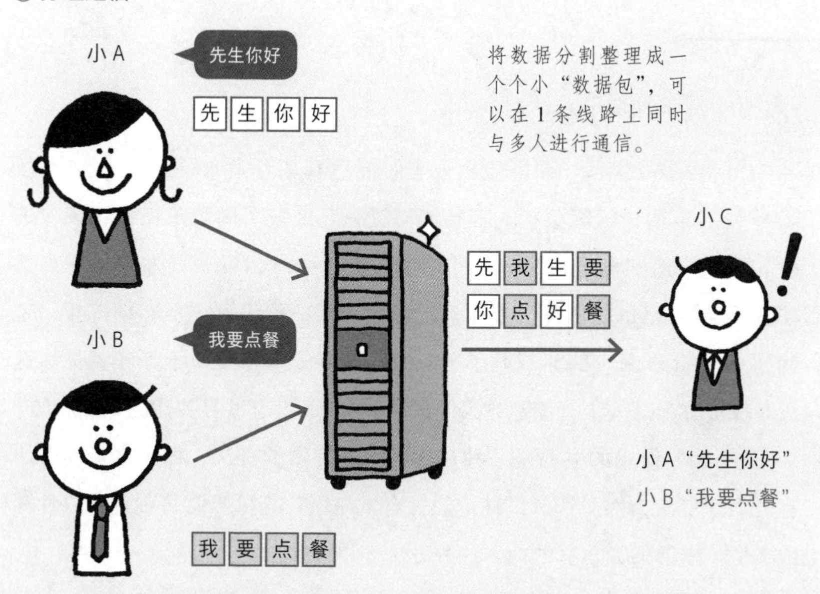

◉ 晶体管的密度在 20 年里增加到了原来的 1000 倍

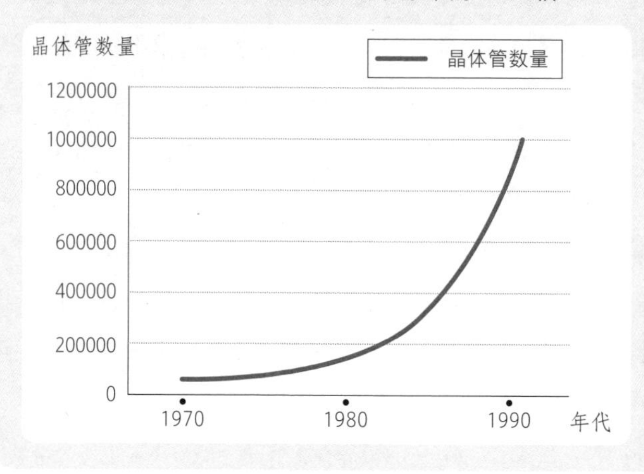

晶体管的数量逐年倍增，今后仍将按照这个趋势继续增加。

030 人工智能在国际象棋和日本象棋领域击败人类

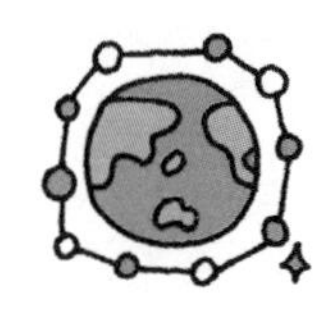

IBM 的“深蓝”通过穷举搜索法充分发挥计算机的运算能力，击败了国际象棋世界冠军。之后，人工智能又在日本象棋和围棋领域也取得了重要成果。

为国际象棋开发的超级计算机

20 世纪 60 年代，国际象棋人工智能达到了业余水平。进入 20 世纪 80 年代后半期，国际象棋人工智能“沉思”击败了国际象棋顶级职业选手，但尚未达到世界冠军的水平。IBM 经过继续研发，开发出性能高达“沉思”数百倍的“深蓝”。“深蓝”虽然在第一年失利，但在第二年，也就是 1997 年 5 月，终于战胜了国际象棋世界冠军加里·卡斯帕罗夫。这次对战被称为“人工智能超越人类的瞬间”，成为全世界关注的热点新闻。

“深蓝”使用的主要是一种被称为穷举搜索的方法，即考虑棋局中所有可能的走法，然后选择最佳走法。有了超级计算机当时每秒钟可以计算约 2 亿步棋的强大运算能力，这种方法才得以实现。

穷举搜索也可用于日本象棋和围棋

日本象棋和围棋走法多于国际象棋，需要考虑的棋局也更多，所以无法使用“深蓝”的方法。因此研究者们采用了选择搜索法，根据每一个局面搜索和选择下一步棋的走法。但是由于选择搜索的性能更会随着选择方法的不同而改变，所以很难稳定地发挥出能力。

不过后来的日本象棋软件 Bonanza 通过穷举搜索取得了巨大的成功。这是因为除了穷举搜索之外，Bonanza 还能通过机器学习自动创建高效的评价方法。后来围棋人工智能也采用了基于概率论的蒙特卡洛树搜索（→第 34 页），迅速提高了实力。

穷举搜索和选择搜索

在国际象棋和围棋、日本象棋等对战型棋盘游戏中，如何搜索和评价选项决定了能力的强弱。

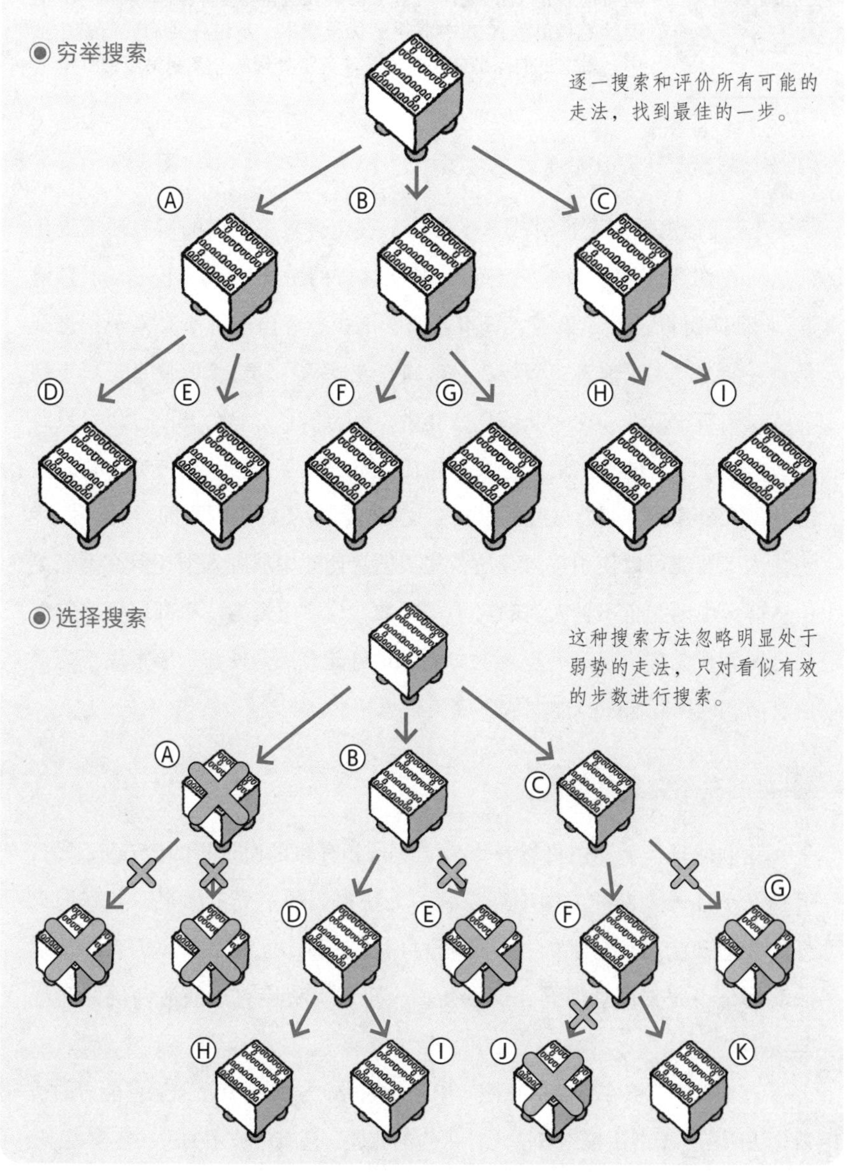

“深蓝”：设有 8000 多种程序，能参考 70 多万份棋谱和国际象棋特级大师的建议对棋局做出评价。“深蓝”每秒钟可以计算约 2 亿步棋，评价超过 20 步之后的走法，最终以 2 胜 1 负 3 平的成绩险胜了当时的国际象棋世界冠军。

031 完美信息博弈和不完美信息博弈

随着运算能力的提升，人工智能在国际象棋和日本象棋等“完美信息博弈”游戏中取得了优异成果。不过在我们的日常生活中，最常见的问题却是搜索算法无法处理的“不完美信息博弈”。

搜索算法赢不了不完美信息博弈

“完美信息博弈”指对战选手彼此掌握包含对手在内的所有环境变化信息。在部分环境信息不确定的情况下进行的游戏称为“不完美信息博弈”。具体而言，国际象棋、日本象棋、围棋、黑白棋等所有棋子信息都是公开的游戏属于前者，而扑克、麻将、花牌等一部分卡牌信息是看不到的游戏则属于后者。在完美信息博弈中，所有信息都是公开的，所以只要花费时间思考就能找出最佳走法。相比之下，在不完美信息博弈中，有些信息是未公开的，所以最终的胜负会受到运气等不确定因素的影响。

人工智能可以使用搜索算法在完美信息博弈中战胜人类，但在不完美信息博弈中则完全不是人类的对手。例如，许多电视游戏机都属于不完美信息博弈，无法预测下一步。现实世界中可能有人会使诈，原本属于完美信息博弈的国际象棋也能变成不完美信息博弈。

到处都是不完美信息博弈

我们的日常活动也可以看作为了实现各种目的而进行的游戏。工作、运动、烹饪等大多数活动中都充满了无法控制的不确定因素，如我们自身的能力和状态、对手的打算和食材的状态等。也就是说，所有的日常活动都是不完美信息博弈，要创建一个可以完美应对这些活动的程序绝非易事。

人工智能能够在完美信息博弈中超越人类，全拜拥有超强运算能力的搜索算法所赐。要解决搜索算法无计可施的课题，还有待技术的进一步发展。

人工智能在扑克领域也战胜了人类：2017 年，人工智能 Libratus 和 DeepStack 分别使用不同算法在一对一无限注德州扑克游戏中击败了人类职业玩家。不过值得注意的是，这只是在一对一的特殊情况下进行的对战。

完美信息博弈和不完美信息博弈

人工智能在完美信息博弈中优于人类，但在不完美信息博弈中应对不确定因素的能力还远远不够。

◉ 完美信息博弈

国际象棋

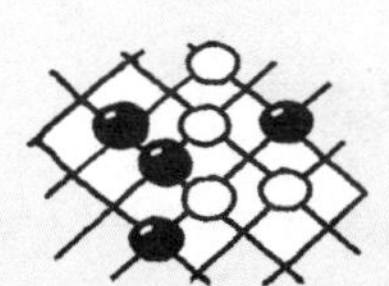

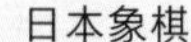

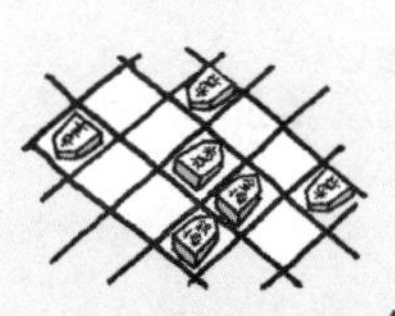

在完美信息博弈中，对战选手彼此掌握包含对手在内的所有环境变化信息。人工智能可以根据搜索算法推测和评估下一步走法并找出最佳走法。

借助搜索算法的超强运算能力，人工智能可以超越人类。

◉ 不完美信息博弈

扑克

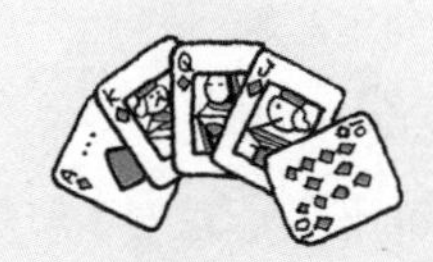

麻将

花牌

在不完美信息博弈中，玩家无法掌握部分环境变化信息，如对方拿到的牌和下一张抽取的牌，因此使用搜索和评估的方法也无法制胜。

由于存在不确定因素，人工智能无法充分发挥其超强运算能力。

032

大数据的出现和扩张

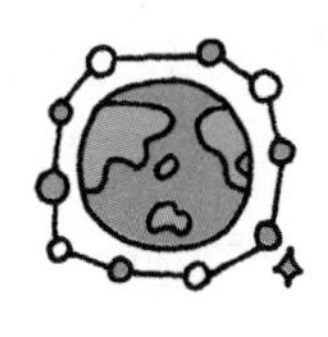

自 20 世纪 90 年代以来，互联网的快速普及使所有人都能随时访问到大量数据，庞大且持续扩张的数据集合体被称为“大数据”。

信息量加速增长，成为大数据

随着互联网的普及，世界各地出现了大量公开各种信息的网站和存储并提供这些信息的服务器。随着大型数据中心的诞生，信息量不断加速增长，除了文本和图像，还包括视频和语音。于是，机器学习所需的通过自然语言输入的文本、影像和语音等数据变得唾手可得。

除了商业和购物的交易记录，人们还可以通过互联网获得各种研究的实验数据和验证数据等，这些庞大的信息被称为大数据。

大数据持续积累信息

大数据包含多层含义，最基本的含义指“持续增加的庞大信息”，如搜索、购买、社交媒体的投稿、位置和访问等，每秒钟都有大量信息产生并积累起来。互联网的迅速普及促进了大数据的快速增长。

大数据有很多用途。比如，脸谱网可以分析用户“点赞”的商品和页面，从而把握用户的购买倾向。推特可以分析用户的推文，以便了解最新的流行趋势。

除此之外，还有研究人员在考虑将医疗病历卡和诊断信息或犯罪信息汇集起来，制成大数据。可以说大数据就像一座藏满了金子的宝矿。

什么是大数据

互联网的普及带来了大数据。如今，任何事物都可以作为数据存储在服务器中。

◉ 大数据的诞生

包括通过自然语言输入的文本、影像、语音在内，互联网涵盖了所有可以进行数字化处理的信息。

这些信息存储在网络上的公开服务器中，人们可以随意使用。这对人工智能研究的机器学习等领域带来了重要影响。

◉ 大数据的应用

通过社交媒体进行用户分析

分析社交媒体的投稿信息，可以尽快发现当下流行的商品和设计，也有助于在初期发现问题和失误。

收集诊疗数据

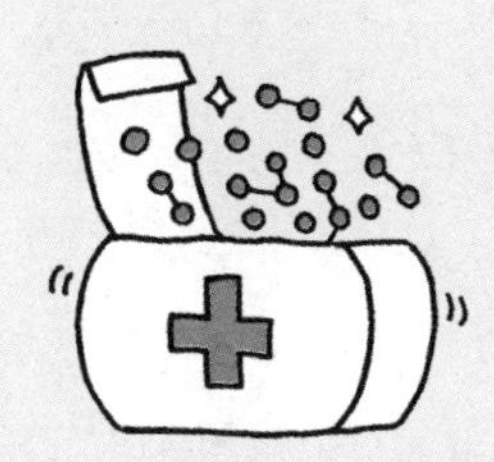

利用大量诊疗数据进行机器学习，人工智能可以根据患者的数据找到可能的疾病名称，以便医生进行综合判断。

汇总犯罪数据

分析大量犯罪数据，可以准确把握犯罪趋势，通过增强警力配置和提高巡逻效率来预防犯罪和尽早逮捕罪犯。

033 大数据的运用和机器学习的发展

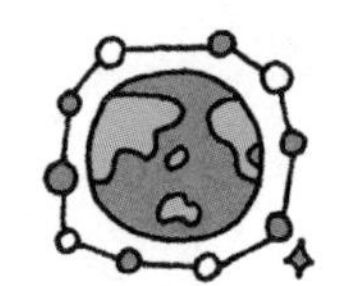

机器学习可以运用大数据解决传统方法无法解决的问题，此外人工智能也能在大数据的数据挖掘方面发挥作用。

大数据与机器学习

教会孩子认识猫，可能只要有一本动物图鉴就足够了。孩子们有时只看几页图片，就基本上能准确识别出猫这种动物了。但谷歌的人工智能在识别出猫之前，则需要学习 1000 万张图像。与人类相比，人工智能的机器学习需要大量材料。伴随着互联网的普及出现的大数据恰好弥补了人工智能的这个缺点。

国际象棋和日本象棋人工智能也可以利用互联网收集信息。“深蓝”和 Bonanza 之所以很厉害，除了因为它们拥有强大的搜索能力，还有一个原因就是人工智能学习了从互联网上获取的大量历史棋谱，从而完善了评价棋局的方法。虽然人工智能学习的这些棋谱数据量还不足以称为大数据，不过机器学习的进步已经与互联网和大数据紧密地联系在一起了。

从大数据中选出有用的信息

即使没有大数据那么多的信息量，国际象棋和日本象棋人工智能也可以通过机器学习取得一定成果，不过这并不意味着大数据不重要。

有大量数据可用，就可以通过数据挖掘（→第 72 页）筛选出易于学习的信息，提高机器学习的效率。也就是说，人工智能可以被用来从杂乱无章以及无法直接应用的大数据矿山中找到有用的信息。

大数据和人工智能

大数据为人工智能的机器学习做出了重要贡献，而人工智能又能进一步促进大数据的应用。

◉ 使用大数据进行机器学习

认识猫

孩子

一本动物图鉴就足够了。

人工智能

识别出猫需要学习超过 1000 万张猫的图像。

大数据的出现

可以轻松收集大量“猫”的图像。

人工智能

2012 年 6 月，人工智能识别出了猫的图像。

◉ 对大数据进行数据挖掘

大数据

大数据汇聚了大量信息，不一定都是按照便于使用的形式整理和分类的。

人类

几乎不可能从大数据中提取出恰好是所需的信息。

人工智能

运用数据挖掘，可以分析大量数据并提取出所需信息。

034 通过搜索引擎和数据筛选充分利用数据

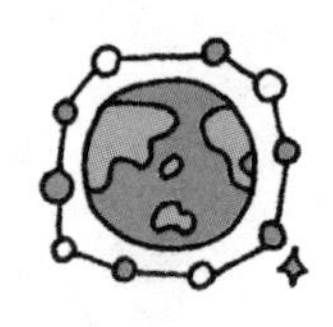

大数据是大量数据的集合体，无法直接处理。要利用大数据，必须能够快速找到并准确提取出所需的数据。搜索引擎就是有效运用大数据的典型实例。

用搜索引擎快速找出指定信息

搜索引擎能从数据库中找出与指定的关键词、句子、标签、特征等条件相符的信息。个人电脑和企业的数据服务器都可以使用搜索引擎，不过大家最熟悉的可能是网络搜索引擎，比如谷歌和雅虎等。

搜索引擎是一种搜索程序。不过网络搜索并不需要把所有网页都逐一搜索一遍，那样的话可能用户要等到天黑也得不到结果。大部分搜索引擎都会通过一定机制定期分析网站的数据库，预先创建索引。就像我们在看一本很厚的书时，只要按照目录和索引就可以找到所需信息对应的页码，而不必一页一页地从头翻，搜索引擎的原理也与此类似。

用数据筛选获取所需信息

在大量数据中搜索和输出符合条件的数据时，其中经常会包含一些没用的数据。用数据筛选的方法可以除去这些多余数据。数据筛选最广为人知的功能是可以除去邮件和网页中携带的有害信息。不过实际上，它的含义要更广，除了去除多余信息，数据筛选还被用于所有领域，用户可以通过这种方法来只获取自己需要的信息。

购物网站常显示的“推荐商品”就是一种数据筛选。这种功能可以“提取”出用户关联度较高的商品，反过来也可以说是彻底去除用户关联度低的商品，这个过程是依据用户购买记录和搜索记录等统计数据实现的。

术语解说 协同过滤（Collaborative Filtering）：根据用户感兴趣或购买过的产品，推测用户的购买倾向并进行分类的方法。这种方法可以参考与用户喜好相近的人，为用户推荐商品。

搜索引擎和数据筛选

搜索引擎和数据筛选功能对有效运用拥有庞大信息量的大数据来说必不可少。

◉搜索引擎

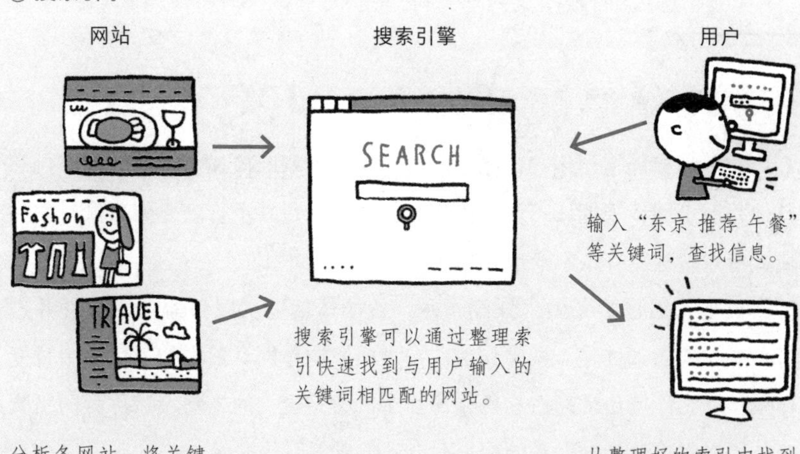

◉数据筛选

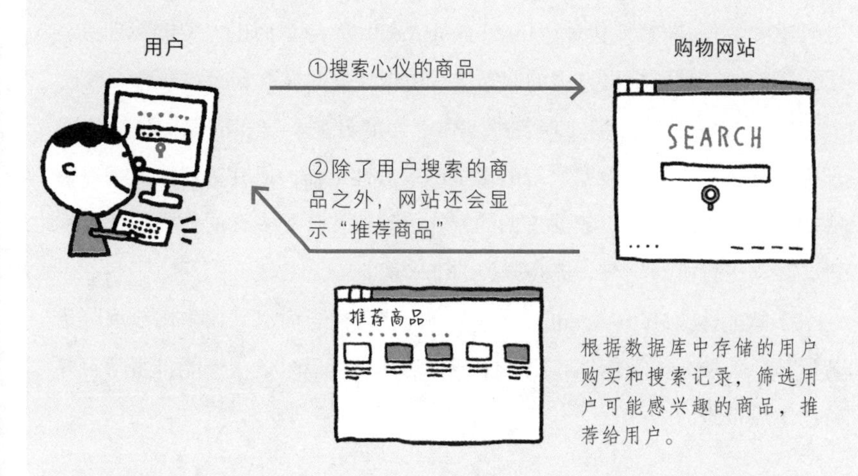

术语解说 内容过滤（Content Filtering）：一种分析商品、视频、音乐等对象的相似度并进行分类的方法。这种方法可以根据标签和类别，以及对图像和语音的分析判断出不同商品之间的相似度，用于推荐相似商品。

035 “智能体”可以处理大量数据

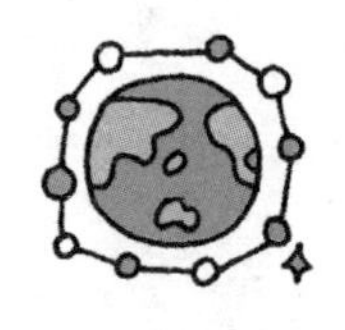

从持续急剧膨胀的大数据中提取必要数据的工作无穷无尽、浩如烟海，因此研发人员创造出能独立完成相关任务的“智能体”。

智能体可以自动思考和行动

智能体指能遵照用户的指令和意图，自行判断应如何行动的程序。和其他程序不同，智能体不需要由用户具体指示每一个行动要怎么做，它的最大特点就是能有条不紊地处理用户下达的任务。

例如，用户不必做出详细指示，智能体就能从服务器获取邮件并进行分类，检查邮件是否携带病毒。搜索引擎制作网页索引的工作也由智能体承担。智能体仿佛遨游在网络海洋中的数量庞大的生物，被称为网络爬虫，可以扫描分析全世界的网页并自动生成索引数据库。

自主学习和成长的智能代理

互联网相当于一个规模庞大的数据库，以惊人的速度持续增长。为了处理这些数据，“智能代理（Intelligent Agent）”应运而生。智能代理搭载了人工智能，可以根据自己的判断进行数据挖掘并提取有用数据。

智能代理不仅可以处理各种工作，还能自主学习和成长，同时完成任务。这听上去可能很像科幻电影里的攻击性机器，但其实智能代理在现实中要低调得多。用于数据挖掘的智能代理能在日复一日的分类作业过程中，自动进行机器学习，提高分类的准确度。

多智能体（Multi-Agent）由多个智能代理组合而成。如采用数据收集智能体、数据分类智能体、报告生成智能体等可以组建一个能自主学习并持续生成报告的系统。

孜孜不倦的智能体

智能体无须外界干预就能独立思考和行动，在各种场景中扮演着重要角色。

◉ 网络爬虫

网络海洋

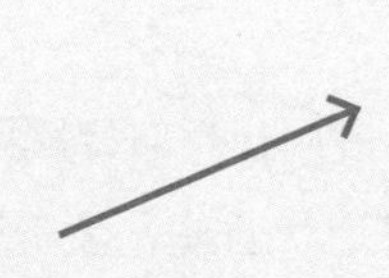

搜索引擎

可以利用网络爬虫构建的索引数据库快速准确地搜索。

网络爬虫每天遨游在网络海洋里，对各种网站进行扫描分类，比如“这是饭店”“这是杂货店”“这是运动团队”等。

◉ 多智能体

数据收集智能体

收集大量的有用信息。

数据分类智能体

为了便于使用，将收集到的信息分为“重要”“无用”“紧急”等。

报告生成智能体

分析分类信息并总结成报告。

用户

用户不用做任何事情，就能源源不断地收集到有用的信息。

036

突破人工神经网络的壁垒

大数据和智能体为突破传统人工神经网络的局限扫除了障碍，应用于现实世界的人工智能也相继问世。

大型神经网络的构建

20 世纪 90 年代，一种叫作反向传播算法的全新学习方法推动人工神经网络领域的研究取得了巨大进步。关于反向传播算法的内容还会在第 4 章进行详细说明，总之这种算法打破了人工神经网络的瓶颈，最终带来了深度学习的问世。

在 20 世纪 80 年代，这项技术已经得到了广泛传播，但需要一个规模比以前大得多的网络才能取得成果，而当时还没有应用方法和计算资源。计算机性能的成倍提升和理论方面的发展解决了这个问题。从此以后，应用大型神经网络的人工智能开始进入图像、语音识别领域。

包容架构将人工智能带入现实世界

接下来，人工智能在实用方面也取得了重大进展。在 20 世纪 70 年代，人工智能只是“回答问题”或“解决书本问题”的程序。到了 20 世纪 80 年代，由于计算机性能的提升，研究人员提出了包容架构（Subsumption Architecture），这种理论成功地将人工智能应用于我们生活的方方面面。

包容架构将实现目标需要达成的任务分解成层次结构，把负责各项任务的多个人工智能组合起来。每个人工智能都将独立思考，并根据情况做出判断，但会作为一个整体完成共同的目标。这种方式模拟了生物的“反射”行为（指对特定刺激无意识中做出的反应），也可以看作智能代理的分工合作。

术语解说 分布式和集约式：“分布式”指多个人工智能同时处理同一个任务的结构，“集约式”指一个人工智能处理一个任务的结构。多智能体（→第 100 页）属于分布式。

人工智能已达到实用水平

计算机性能的提升和理论的发展推动人工智能取得了长足进步，终于达到了实用水平。

◉ 人工神经网络的进步

单层感知机　　　　多层神经网络

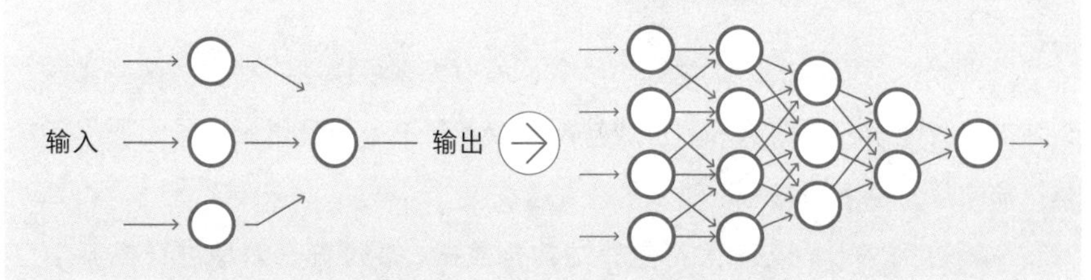

这是最早的具有自主学习能力的人工神经网络，只有输入层和输出层这两个最基本的结构，能解决简单的问题。

在输入层和输出层之间增加了大量被称为“隐藏层”的人工神经网络，缺点是比较难训练。

◉ 包容架构的问世

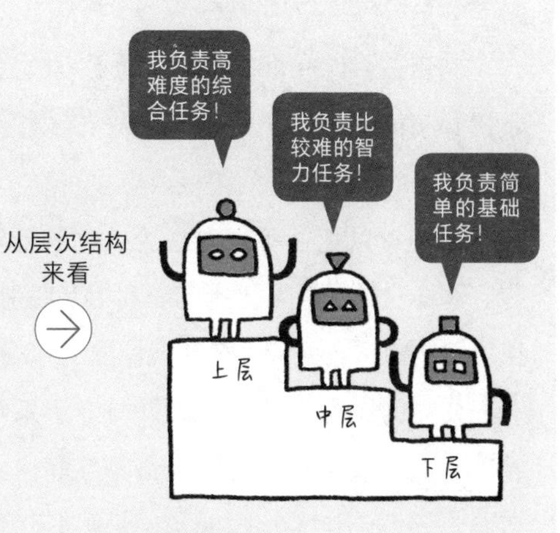

由多个人工智能共同分担任务，共同完成“打扫房间”的目标。

当上层未做出指令时，下层可以自行判断并采取行动。当上层下达了指令和判断时，下层要优先考虑上层的判断。

037

自然语言数据库的构建和沃森的登场

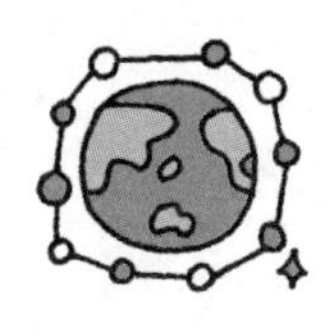

对人工智能而言，互联网上的无数网页是一份宝贵的自然语言教科书。为了有效利用这些网页，研发人员开发了结构化词典“语料库”，人工智能沃森应运而生。

“语料库”：自然语言数据库

如今，互联网上的文章数不胜数，所有人都可以随时利用。这些文章是人工智能学习自然语言不可或缺的重要教科书。而且研究人员无须重新扫描文章，也不用费力地输入。

不过网络上的文章大都是非结构化数据。要准确有效地进行机器学习，必须有一个像词典一样的数据库，来描述词语的语法、含义和用例等。于是就有人用世界上的各种语言编写出“语料库”作为数据库，收集网络上的自然语言，并整理语法等结构信息。

沃森可以处理自然语言

利用语料库分析自然语言的文本数据，人工智能便可以在一定程度上掌握句子的结构和含义。虽然人工智能还达不到与人类相同的理解能力，但已经可以弄懂句子的大概内容。

我们可以把这种现象视为人工智能能在某种程度上“读懂”自然语言。这样一来，人工智能就能利用互联网这个规模巨大的数据库对文本数据（非结构化数据）进行数据挖掘了。

IBM 的沃森正是这项成果与专家系统的结合体。沃森在参加智力问答节目时，就是利用维基百科等互联网上的非结构化数据得出问题的答案的。

语料库和沃森

沃森利用语料库进行机器学习，能在某种程度上理解自然语言，从而在智力竞赛中击败了人类。

◉人工智能利用语料库对自然语言进行机器学习

人工智能可以参考语料库来阅读文章，掌握高频词语之间的关联以及常用的对话模式。

语料库

- 像词典一样把语言做成数据库。
- 人工智能使用语料库学习语言的用法。
- 也有“汽车行业专用”和“银行业专用”等各种版本的语料库。

这个过程与我们一边查看词典和语法书一边阅读外语文章很像。不过我们在习惯了之后就可以不用再查词典，而人工智能必须不断完善和借助语料库和词典的力量。

◉沃森汇集了各种人工智能技术

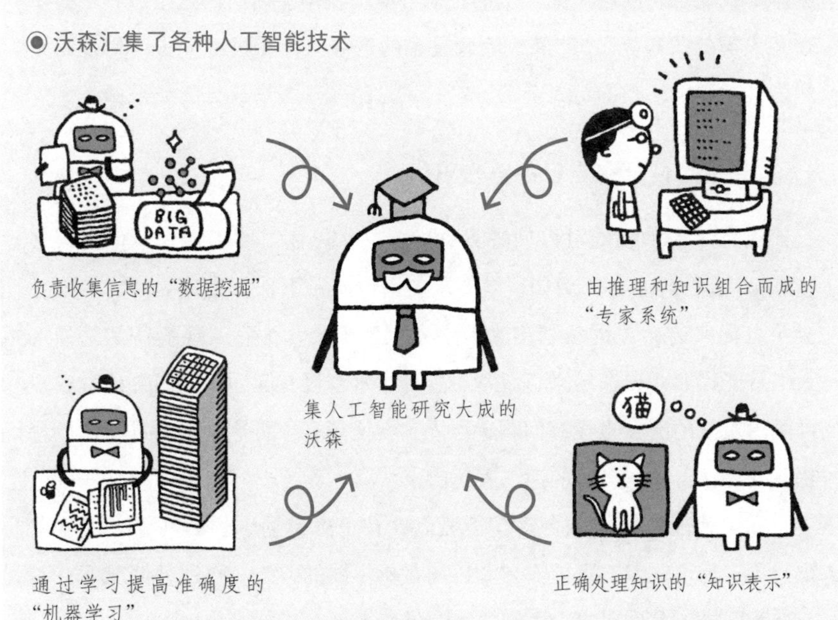

负责收集信息的“数据挖掘”

由推理和知识组合而成的“专家系统”

集人工智能研究大成的沃森

通过学习提高准确度的“机器学习”

正确处理知识的“知识表示”

沃森是真正的人工智能吗：IBM 开发了沃森，却并没有把沃森称作人工智能。不过沃森应用了自然语言处理、数据挖掘、知识表示、推理系统、机器学习等多项技术，至少能让人感受到一些人工智能的影子。

038 “理解”能力：从简单程序到真正的人工智能

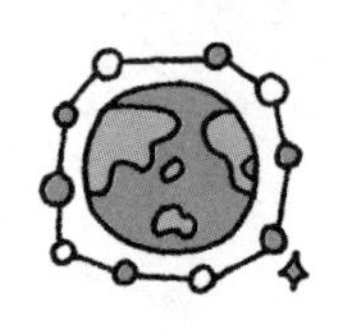

很多人认为，就算沃森能运用语言并在行动中表现出，也仍不过是一个问答系统。要研发出真正拥有智能的人工智能，还有很多尚待解决的问题。

自然语言不再是衡量人工智能的标准

和聊天机器人相比，沃森的能力要高级得多，但它仍未被看作拥有智能的“真正的人工智能”。研发出沃森的 IBM 公司也没有把它称作人工智能，而是称其为认知计算系统。他们这样做有战略上的原因，但还有一个明显的原因，就是研发人员从沃森身上也看不到人类智能。

沃森能在一定程度上处理自然语言，但实际上它只不过是通过机器学习减少了输入结构化数据的这道工序，再根据统计学概率和推理系统从数据库中找到符合问题（输入）的正确答案（输出）而已。这个过程中并不存在人类的“智能”。此外，随着技术的进步，计算机看上去仿佛理解自然语言一样也已经不足为奇了。

人工智能可能拥有自己的语言吗

沃森等人工智能可以回答人类的提问，但还需要不借助其他语言来“理解”事物的能力。例如，被要求“请说明一下什么是猫”时，如果只会照着词典的相关词条念出来，别人也就不会认为它“理解什么是猫”。人工智能参照词典和维基百科学习这件事本身没有问题，按照统计学原理推测出对应的网页也没有问题，但人工智能还必须将这些信息进行“概念化”处理，再用“自己的话”表达出来。

人工智能怎样才能自动获得概念，在正确识别事物的基础上理解事物？要实现这一点，可能需要和以前截然不同的方法。在这种情况下，人工神经网络技术再次成为人们关注的热点。

什么是真正的人工智能

只是运用自然语言和处理信息的人工智能不能算作真正的人工智能。只有理解一个事物是什么，并用自己的方式表达出来，才可以说是“拥有智能”。

动物拥有智能

虽然不懂人类的语言，但是能够自然而然地理解人类的指令和动作。

不认字的孩子

虽然不会读写，但是能自然地理解和使用语言。

处理自然语言的程序

能够读写，并且可以正确使用语言，但这只不过是统计计算的结果。

如果说“真正的人工智能”必须让所有人都确信它“绝对拥有智能”，那么它至少要拥有“自动掌握新概念，准确运用所学知识”的能力。

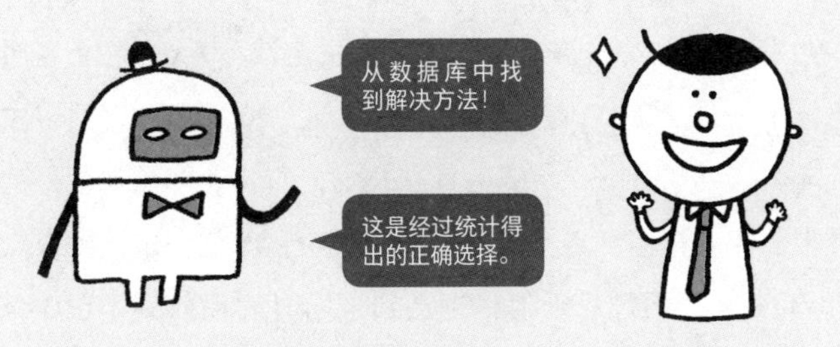

只会使用语言还远远不够。不过人工智能比人类更擅长处理信息。

只要掌握了语言，人工智能就可以执行各种“智能任务”。这种人工智能显然“十分聪明”，可以算作广义上的“人工智能”，但这还远不能说是真正的人工智能。

Column 3

奇点理论的提出者 雷·库兹韦尔

伴随着人工智能的迅猛发展，有一个理论在全球引发了巨大的争议，这就是“奇点理论”。2005 年，雷·库兹韦尔提出了奇点理论，认为人工智能将超越人类，实现爆炸式进步，为人类和社会带来巨大变革。

雷·库兹韦尔出生于 1948 年，恰逢人工智能研究开始萌芽的时代。12 岁时，库兹韦尔对计算机产生了浓厚的兴趣，15 岁前后便开始编程。在计算机刚刚诞生，尚未普及到一般家庭的时代，他的这些才能足以令人震惊。上高中时，库兹韦尔得到了人工智能之父马文·明斯基的赏识，后来他进入麻省理工学院，在明斯基的指导下从事研究。与此同时，他在上学期间就开始创业，研发出光学字符识别装置和语言识别系统。

1999 年，库兹韦尔提出了“加速回报定律”（认为一个发明可以加速技术的进步），这是奇点理论的基础。2005 年，库兹韦尔出版了《奇点临近》一书，预测了各种技术，而且大多数都已得到验证，因此很多人相信奇点一定会出现。最初，库兹韦尔预测奇点会在 2045 年来临，不过最近他将奇点到来的时间提前到了 2029 年。库兹韦尔相信奇点的到来会推动人类进化，据说他为了长寿，每日要服用 250 片营养保健品，并进行 40 多项健康检查。没有人知道奇点是否真会出现，如果奇点到来可以实现人体机械化，那么人们或许真的可以拥有更长的寿命。

CHAPTER 4

深度学习的登场

随着运用多层神经网络的深度学习的出现，人工智能拥有了眼睛（图像识别）、耳朵（语音识别）和嘴（自然语言处理）。这些技术推动人工智能迈入了一个全新的阶段。

039

对人工神经网络的重新认识

经过约 60 年的漫长等待，完全不同于传统人工智能的人工神经网络终于开始发挥出真正价值。这就是具有划时代意义的深度学习技术。

实现深度学习的三项技术

人工神经网络诞生于 20 世纪 50 年代，可以模拟大脑机能，但 20 世纪 70 年代有些专家指出这种理论的局限性之后，它一直被视为“已经终结的技术”。

不过仍有一部分研究人员凭借不懈的努力，开发出了一系列重要技术。尤其是其中的反向传播算法（→第 112 页）、神经认知机（→第 114 页）和自编码器（→第 116 页）三项技术，为后来引起巨大反响的深度学习（→第 118 页）奠定了基础。首先来了解一下这些技术和人工神经网络的发展过程。

深度学习的发展过程

反向传播算法的发现迈出了克服单层感知机局限的第一步。这种全新的学习方法与人工神经网络的多层化技术相组合，可以克服单层感知机“只能解决线性可分问题”的缺点。

后来，通过人工神经网络实现人工智能的连接主义逐渐确立起来，科学家们从人类的眼睛（视觉神经系统）得到启发，设计出神经认知机（Neocognitron）。他们尝试让拥有多层结构的人工神经网络进行图像分析，但发现这种方法很难学习复杂的文字和面部表情。层数越多，反向传播算法就越难发挥作用。

自编码器（Auto-Encoder）对各层人工神经网络实施监督学习，解决了这个问题。这项尝试的成功促进了多层神经网络机器学习系统——“深度学习”的完成。

成就深度学习的三项技术

一些研究人员没有放弃神经网络研究，开发出以下三项技术，实现了深度学习。

❶ 提高学习效率的反向传播算法

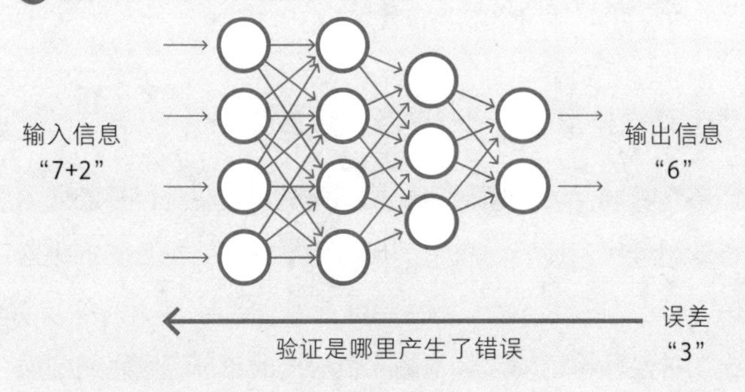

从输出层开始向前追溯，根据输出与正确信息之间的误差，找到信息传递有误的地方，接下来便可以调整适当的加权了。

❷ 以人的视觉神经系统为模型的神经认知机

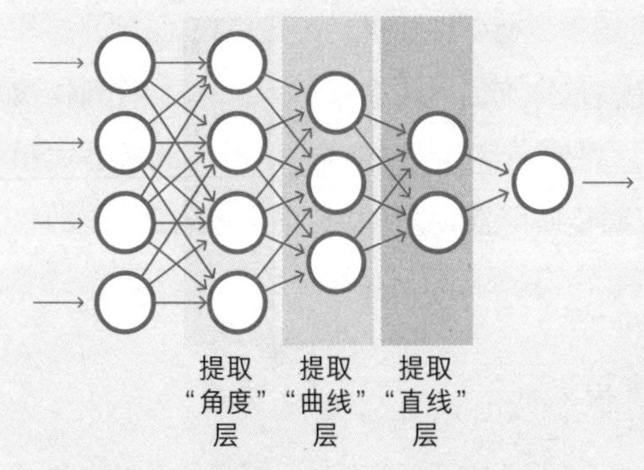

让各层人工神经网络分担“角度分析”“曲线分析”“直线分析”等不同作用，从而实现图像识别。层数越多，图像识别越精准。

❸ 使每层人工神经网络都可以进行机器学习的自编码器

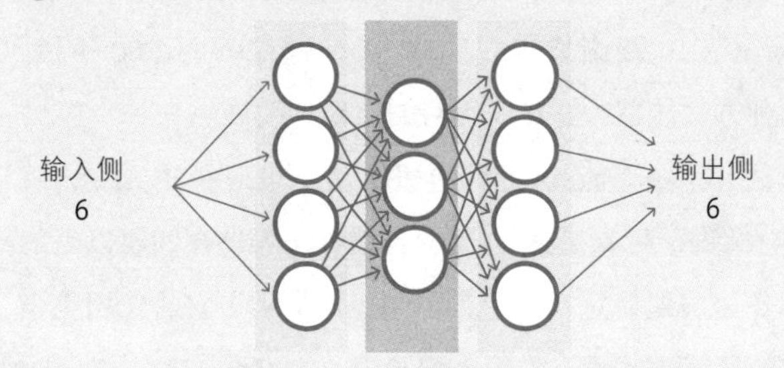

挑选特定的层进行机器学习，可以确保人工神经网络无论积累几层，都能有效地发挥反向传播算法的作用。

040 人工神经网络的加权和反向传播算法

神经元之间的权重系数是决定人工神经网络学习能力的关键。“反向传播算法”能够从输出侧开始向前回溯，修正权重，为多层神经网络奠定了基础。

像在传声筒游戏中查找“犯人”一样“反向传播”

感知机因为能够学习神经元之间的加权规则而受到关注，但神经元的层数越多，感知机就越难找到适当的权重。反向传播算法就是为了解决这个问题而开发的。

首先，找出人工神经网络的输出值与输入值对应的正确答案之间的误差。修正误差时，从输出层开始向输入层反向修正权重，这也正是它被称为“反向传播”的原因。这个过程类似于在传声筒游戏中找“犯人”，从最后说话的人（输出层）开始，依次询问“从谁那儿听到的”，找到错误传递信息的人（中间层）。之后要缩小错误传递信息的人（与正确答案相差较大的层）的权重，增加正确传递信息的人（接近正确答案的层）的权重，一直到第一个人（输入层）。

反向传播算法经过了多次重新认识

反向传播算法作为学习方法具有划时代意义，但人们花费了很长时间才认识到其有效性。自最早发现反向传播算法的 20 世纪 60 年代以来，人们经过多次“重新认识”，才逐渐发现它的威力。进入 20 世纪 80 年代，人们才真正认识到这种方法能够为深度学习带来飞跃性发展。

不过反向传播算法并不是万能的。因为它既然是修正误差的方法，就只能用于监督学习（→第 76 页）。此外，反向传播算法难以在四层以上的多层神经网络中发挥作用。即使是在三层人工神经网络中，它的作用也十分有限。因此，反向传播算法并没有取得人们预想中的成果。

用反向传播算法修正权重

反向传播算法就像在传声筒游戏中查找“犯人”，从输出层开始反向修正权重，从而消除输出值与正确答案之间的误差。

◉ 多层神经网络的问题

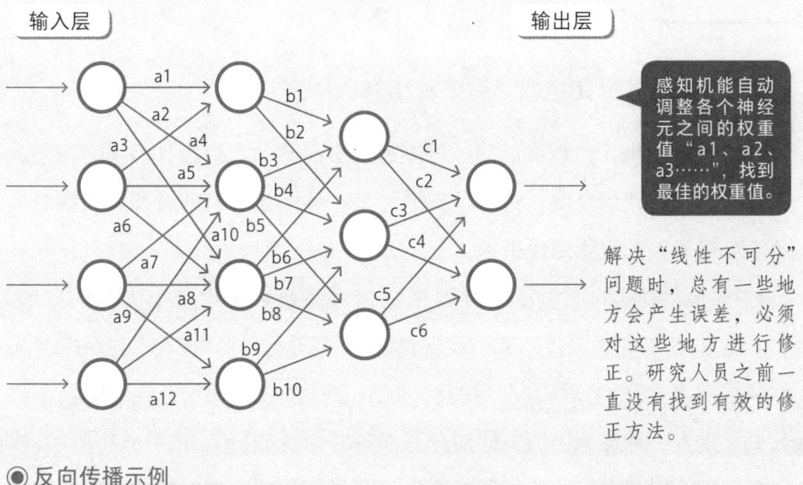

解决“线性不可分”问题时，总有一些地方会产生误差，必须对这些地方进行修正。研究人员之前一直没有找到有效的修正方法。

◉ 反向传播示例

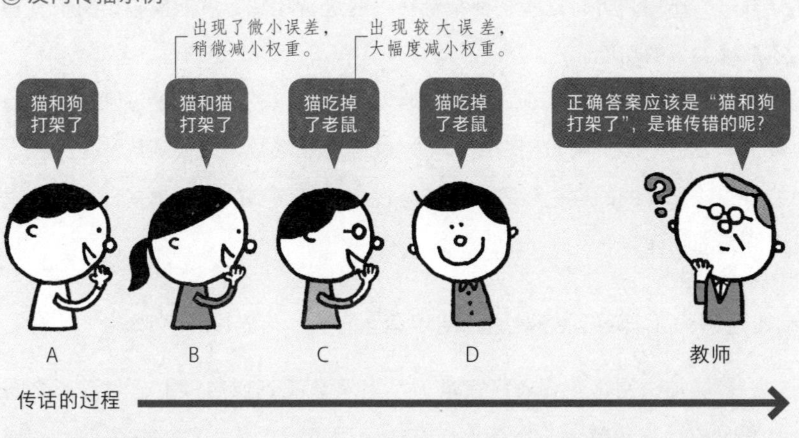

从最后一个人开始，依次反向修正误差信息。找到某个地方出现了多大程度的误差，就能马上算出正确的权重。不过人数越多，传话越难，教师也就更难发现是何处出的错，因此反向传播的规模越大，难度就越高。

041 神经认知机使神经网络多层化成为可能

反向传播算法能实现的神经网络多层化有很多局限。那么为什么还要构建四层以上的人工神经网络呢？我们可以从“神经认知机”这里找到答案。

神经网络的多层化增加了可处理信息的维度

单层感知机无法解决的问题可以通过多层感知机解决，因为增加层数之后，能够处理信息的“维度”就增加了。神经认知机通过神经网络的多层化实现了人工智能图像识别。

神经认知机的原型是人类的视觉神经系统。无论是小A写的“知”字，还是小B写的“知”字，我们都能认出这个字是“知”。这是因为人可以识别出文字的“特征”。相反，对于没有特征的文字，我们就认不出来了。让人工神经网络的不同层分别发挥“角度分析”“曲线分析”“直线分析”等作用，再将这些特征结合在一起进行比较，就能模拟出与视觉神经系统类似的功能。

神经认知机利用这种方法进行学习，可以以较高的精度识别出简单的数字。要进一步提高识别精度，可以继续增加层数，以便确认“角的位置关系”或“直线的根数”等。也就是说，神经网络的层数越多，就越能识别复杂的物体。

如何将人工神经网络增加到四层以上

多层神经网络蕴含着巨大潜力。但层数达到四层以上，学习所必需的反向传播算法就无法发挥出应有的作用了。以传声筒游戏为例，每增加一个人，找到错误传递信息的“犯人”就越困难，而且还需要耗费大量时间。解决了这个问题，人工神经网络的层数就可以无限深度积累和学习了。

神经认知机的优点和缺点

以人类视觉神经为模型的神经认知机证明，神经网络的层数越多，信息处理的精度就越高。

◉神经认知机的优点

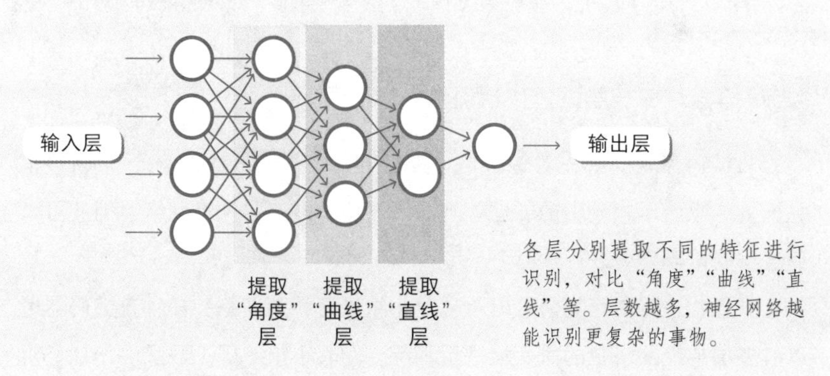

各层分别提取不同的特征进行识别，对比“角度”“曲线”“直线”等。层数越多，神经网络越能识别更复杂的事物。

◉神经认知机的缺点

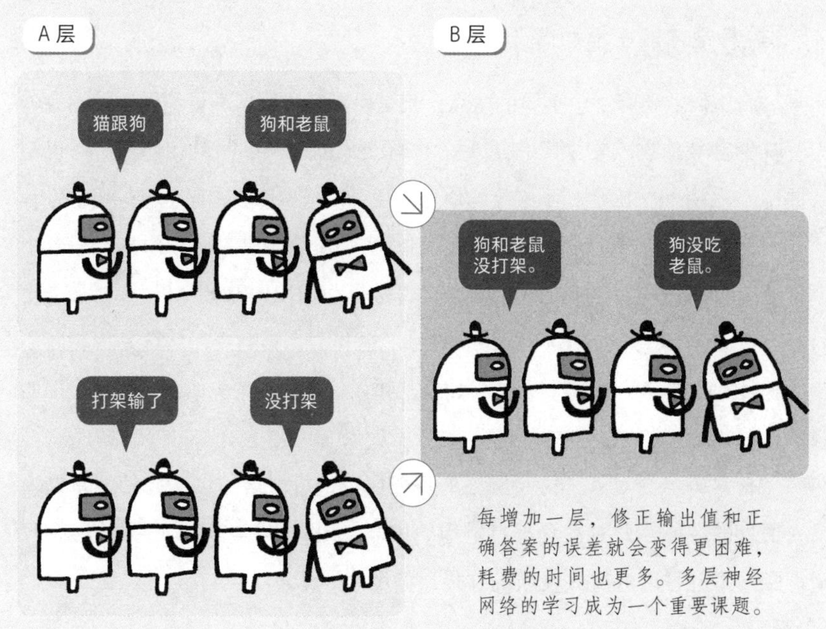

每增加一层，修正输出值和正确答案的误差就会变得更困难，耗费的时间也更多。多层神经网络的学习成为一个重要课题。

小知识 神经认知机是日本人开发的：1979 年，在日本 NHK 放送技术研究所任职的福岛邦彦在电子通信学会论文杂志上发表了一篇关于神经认知机的论文，并因为这项成就于 1985 年获得日本科学技术厅长官奖。

OH2

自编码器打破了多层化壁垒

自编码器技术解决了神经网络层数达到四层及以上时，反向传播算法就无法发挥作用的问题。研究人员发现编码（压缩）和解码（解压）的顺序能起到意想不到的作用。

自编码器对每一层进行传话训练

自编码器是一种先对输入信息进行编码（符号化及压缩），再将该信息恢复成原始形式输出的方法。自编码器用的是三层神经网络，因此可以通过反向传播算法进行学习。

就像在进行传声筒游戏时可以对小组进行特别训练一样，自编码器可以对多层神经网络中的每一层进行训练。随着小组（层）数量的增加，对整个团队进行修正的难度加大，因此改为对每个小组进行修正。

掌握特征才能压缩和解压

自编码器还有一个重要的特点，就是要暂时对信息进行编码。编码意味着减少符号总数，“压缩”信息量。实际上“能够压缩”就相当于“可以掌握特征”，并且去除例如不必要的信息，还可以减少传送错误信息的可能性。

例如，在传声筒游戏中，如果遇到用人名压缩而成的“ICRO SZKI”这个符号，大多数日本人都能推测出原来的符号是“ICHIRO SUZUKI”[①]。即使遇到了类似“ITHIRO SUZOKI”等错误符号，也并不会影响判断。这是因为我们了解日本人的名字的“特征”，所以能从错误信息或者缺失信息中提取出原始信息。也就是说，只要掌握信息的“特征”，就不必传达100%准确的信息。

自编码器会对人工神经网络的每一层都进行严格的训练，使其掌握输入信息的特征，并对信息进行适当的压缩（编码）和解压（解码）。这样，神经网络就可以进行大规模的“传声筒游戏”了。

① ICHIRO SUZUKI 是日本知名棒球选手铃木一郎名字的英文写法。——译者注

术语解说 乱码：如果使用了不正确的字符编码，计算机上显示的文字就会出现乱码。字符编码相当于“压缩方法手册”。如果字符编码出错，无法识别出字符特征，就会导致乱码。

自编码器的原理

自编码器使每一层神经网络都可以进行机器学习，从而实现了人工神经网络的多层化。

◉自编码器的小组（层）特训

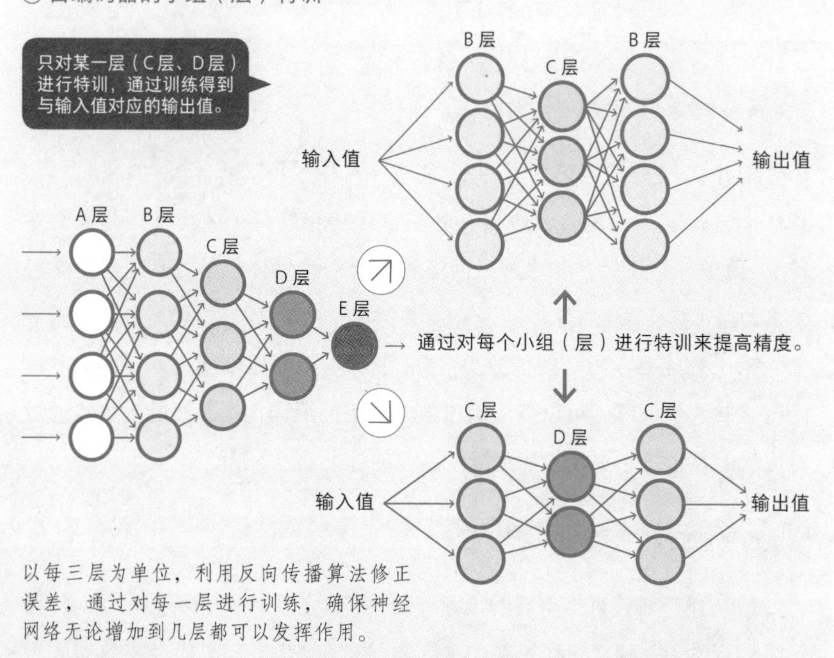

以每三层为单位，利用反向传播算法修正误差，通过对每一层进行训练，确保神经网络无论增加到几层都可以发挥作用。

◉压缩和解压

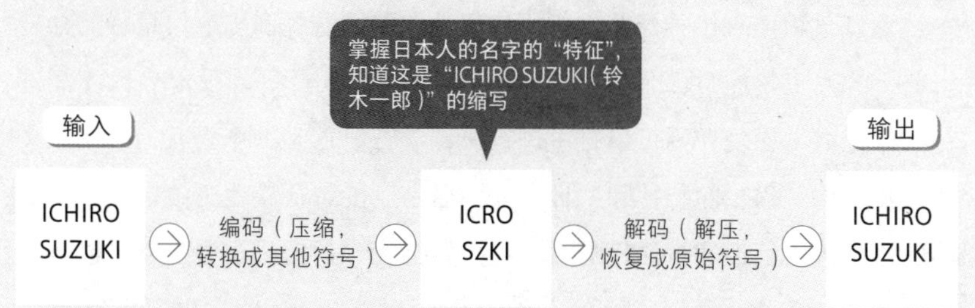

需要反复训练，直到输入和输出一致，此时也需运用反向传播算法，逐渐接近正确答案。

043 深度学习的诞生和特征提取能力

所有制约人工神经网络多层化的障碍都清除了，深度学习终于诞生了。人工智能无须借助研究人员的帮助，就可以提取信息的特征了。

提高整体学习效率的“预训练”

构建多层神经网络之前进行的学习叫作“预训练（Pre-Training）”。具体而言，就是使用自编码器在各层设定信息特征值（与特征相关的参数）。预训练结束后，各层神经网络整合为一个整体，学习真正需要学习的东西。

人工智能要学习“图像分类”“文字识别”等高难度任务，无法一蹴而就。导入预训练，可以减小输出误差，提高反向传播算法的效率。通过对每层的预训练，更便于确定修正误差的标准。

人工智能自动提取和分析特征

就这样，通过自编码器的预训练构建多层神经网络，再通过反向传播算法进行学习，便产生了最初的深度学习。在21世纪前10年的这些发展掀起了第三次人工智能研究热潮。

深度学习实现了神经认知机所构想的“按层选择和提取信息特征并进行分析的人工智能”。之前的人工智能需要研究人员手动设定参数才能进行特征提取，而现在则可以自主进行机器学习，这是一个具有划时代意义的进步。将“猫”的特征和“日本人的名字”的特征转化为参数并教给机器的难度极大，但通过深度学习，人工智能无须研究人员参与就可以自主提取特征。

过拟合：指在机器学习过程中因学习过度导致精度降低的情况。为了防止过拟合，需要在训练数据中设置干扰数据，并扩大学习内容的范围。

深度学习的原理和关键

通过层数不断积累的人工神经网络进行深度学习，人工智能的这种高级机器学习可以不依赖人力，自动提取特征，这一点具有划时代意义。

◉深度学习的原理

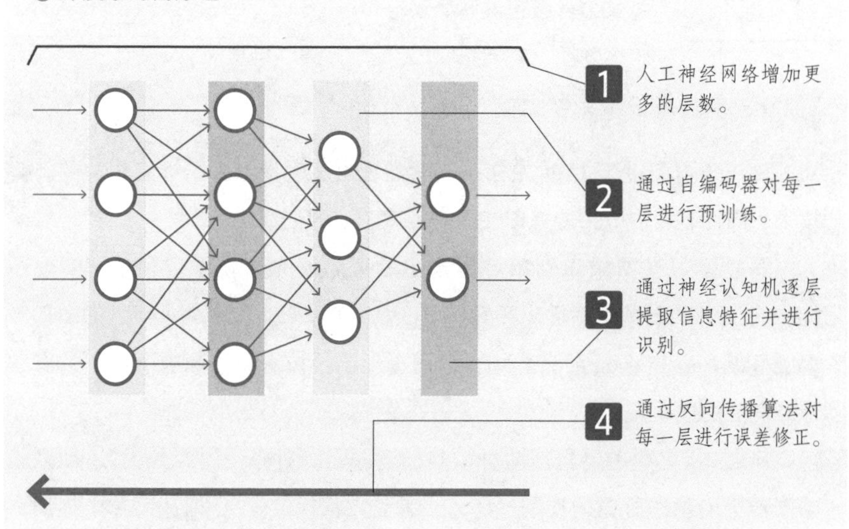

◉深度学习的关键

❶ 自动提取信息特征

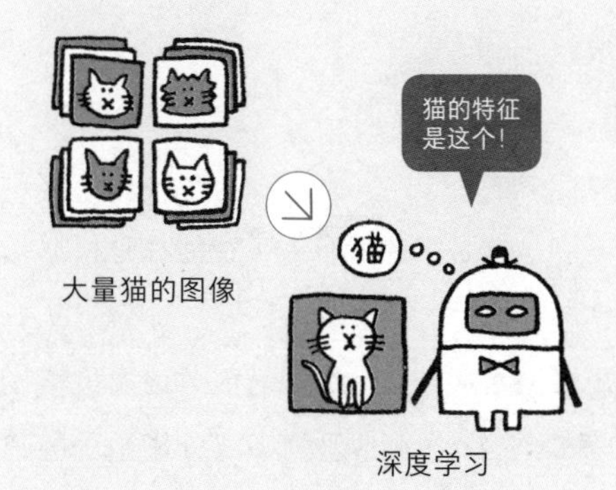

根据大量猫的图像，找出猫的特征。

❷ 提高识别精度

根据自动提取的特征，接触更多信息，从而提高识别精度。

深度学习的发展：随着后续的技术创新，现在还出现了不使用反向传播算法的无监督学习型深度学习和不通过自编码器进行预训练的深度学习。

044

深度学习在图像识别领域大放异彩

深度学习技术首先在图像识别领域取得了显著成果。这项技术以视觉神经回路神经认知机为基础，将卓越的特征提取能力发挥得淋漓尽致。

拥有出色的图像识别能力的 SuperVision

深度学习问世于 21 世纪初，当时涌现出了大量与人工智能相关的新技术，因此有很多人未能立即注意到深度学习的创新性。

深度学习在图像识别领域展现出的成果率先改变了这种情况。在 2012 年召开的图像识别挑战赛 ILSVRC 中，加拿大多伦多大学研发的图像识别系统 SuperVision 闪亮登场，运用深度学习技术在大赛中取得了具有绝对优势的成绩。

ILSVRC 比赛主要包括两种项目的竞技：一种是"图像分类"，即判断图像中的物体所属的类别；还有一种是"目标定位"，即从图片中标识出目标物体所在的位置。大部分人工智能的水平不相上下，图像分类的正确率能达到 70% 左右，但图像分类 + 目标定位的正确率则只有不到 50%。SuperVision 的图像分类的正确率将近 85%，图像分类 + 目标定位的正确率也有约 67%，取得了令人瞩目的成绩。

目标定位项目正确率低的原因

加上目标定位的正确率会大幅下降，这是因为所有人工智能都是根据图像的整体信息进行分类的。

比如，在船的照片中，大多会出现海水或湖水。人工智能可以通过学习将这种图片归类为"船的照片"，却无法区分水是船的一部分还是别的物体。而只要人工智能学会将小 A 和小 B 的合照归类为"小 A 的照片"，那么即使无法定位出哪个人是小 A，这个分类也仍然是正确的。

基于深度学习的图像识别

"图像分类"和"图像分类+目标定位"的识别难易度截然不同。基于深度学习的 SuperVision 在这两个项目中都取得了傲人的成绩。

◉图像分类

只要区分图片所属类别的简单项目，无须区分蝴蝶和花，快艇和海。

◉图像分类+目标定位

这个项目需要区分目标物体所在位置，必须能清楚地区分出目标物体、背景和周边物体。

045 深度学习在语音识别领域也大获成功

深度学习不仅可以用于图像识别，还可以应用于语音识别，后来被用于智能手机中，并依靠手机获得的大数据进一步提高了识别精度。

图像识别和语音识别相似

很快，深度学习在语音识别领域也取得了成果。实际上，对于人工智能来说，识别语音和识别图像非常相似。

想象一下示波器上显示的语音波形，就很容易明白这个道理了。声音是空气振动产生的，因此只要测定时间和音压（空气的密度变化），就可以用二维图形来表现声音。以这种图形作为教材，就可以利用图像识别中用到的多层神经网络技术进行语音识别了。比如，人工智能反复学习“猫”这个发音的波形，就能将其分类到“猫”的语音类别里。有效的语音识别教材需要配套的文本和语音。演讲稿和面向听觉障碍者的字幕新闻等数据比较容易获得，可以直接作为教材使用。

智能手机的普及极大地丰富了语音识别教材

语音识别方面的深度学习虽然在最初取得了一定成果，但还远远不及人类的语音识别能力。即使是同一个词语，说话的人不同，语音的波形也不同。语境和说话人所处情境不同，发音和语调也会随之变化。人工智能常常识别不出略带口音或者语速较快的语音。

近年来，这个难题得到了突破，其中一个原因便是智能手机的语音助理等各种语音识别系统的普及。人工智能可以将世界各地的用户语音用作教材，语音识别的精度得到了飞速提高。

术语解说 示波器：用波形表示电信号的测量仪器，适用于观测如电压、声音、电波、震动等随时间变化而变化的现象，用途十分广泛。

基于深度学习的语音识别

利用深度学习技术，人工智能可以像学习图像识别一样学习语音识别，语音识别也能达到与图像识别一样的高精度水准。

◉语音也可以数据化

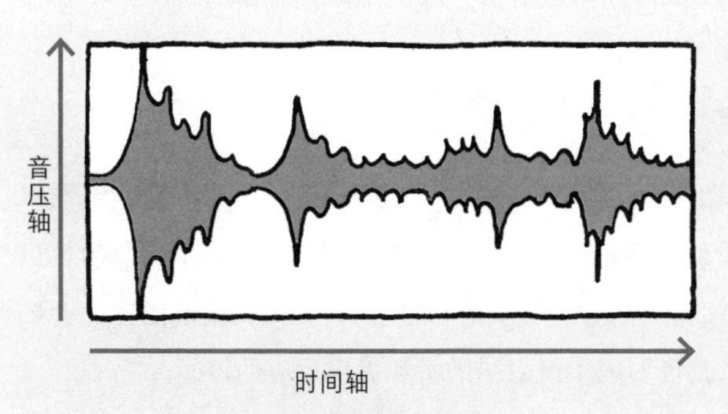

示波器通过测定声音（空气的震动），用带有时间轴和音压轴的二维图形来表示语音。

语音变成了有用的训练数据

◉语音识别的发展过程

收集这些教材，进行大量语音识别的深度学习，虽然还比不上人类，但也达到了相当高的精度。

教材的数量和种类明显增多，语音识别的精度得到飞速提高，而且现在仍在不断提高中。

翻译软件：谷歌和微软分别推出了“谷歌翻译”和“微软翻译”，这两种翻译软件都可以实现语音的输入和输出，使用者可以用它们直接和外国人对话。

046 人工智能开始自主学习事物的“概念”

人工智能可以通过深度学习自主学习如何捕捉事物的特征，即使是第一次见到的猫，也能识别出来。这相当于人工智能通过自主学习理解了“猫”的概念。

人工智能掌握了外形方面的“概念”

通过深度学习学习过猫的图像的人工智能，能够以较高概率识别出猫。即使是第一次看到的猫，或者角度和姿势不同的猫，也都能准确地识别出来。这种情况下，在神经网络内部，特定的神经见到猫的图像后会产生强烈的反应，也就是说形成了能对猫的特征做出反应的神经。

这个形象可以理解为人工智能掌握了猫的特征。虽然和人类掌握特征的方式不同，但至少在外形方面，人工智能已经非常接近“理解猫的概念”了。因为人工智能不仅能回答“什么是猫”的问题，而且还能实际识别出猫。

无监督学习也能自动找到概念

谷歌的人工智能因为识别出了猫的图像而备受关注，它是通过无监督学习掌握这个概念的。实际上，通过监督学习掌握概念并非难事，只要研究人员作为教师正确地传授猫的特征，人工智能正确地接受即可。但在无监督学习中，人工智能必须拼命观看图像，依靠自己的力量找出猫的特征。

深度学习让这种高难度学习成为可能。虽然现阶段还仅限于图像识别领域，但人工智能已经能自动描绘世界的概念。从理论上看，人工智能也可以通过一直观看 Instgram 和 YouTube 的方式，认识到汽车、人、植物和昆虫是不同的存在，并掌握它们各自的概念。不过人工智能找到的概念没有名字，需要研究人员后续为这些概念命名。

深度学习掌握了什么概念

虽然只熟悉外形并不能完全等同于“掌握了概念”，不过谷歌的人工智能还是展现了巨大的可能性。

◉人类脑海中的猫的概念

人类听到“猫”这个词，在想到它的外形的同时，脑海中还会浮现出“猫喜欢吃的东西”和“猫的叫声”等特征，这是因为概念是由语言和图像同时形成的。

人工智能只是从词典等提取出猫的定义和表述，并不能说是学会了概念。

◉人工智能通过深度学习掌握的猫的概念

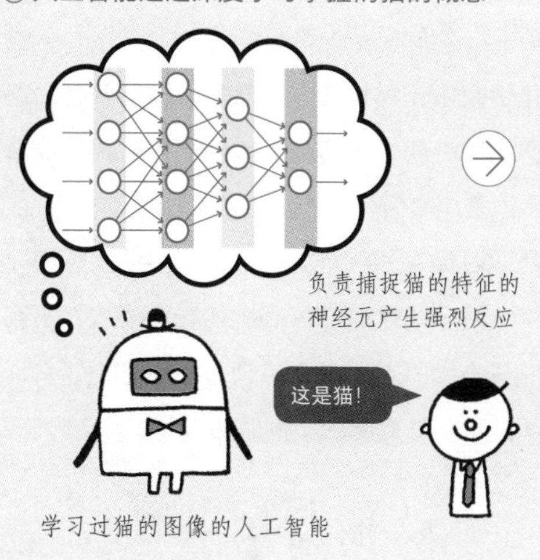

负责捕捉猫的特征的神经元产生强烈反应

学习过猫的图像的人工智能

人工智能自动描绘出猫的形象

人工智能获得的“猫的概念”与现实世界的猫是相连的。这样一来，便可以将文字中对猫的定义与影像中的猫的形象联系到一起。

0047

通过深度强化学习提高“洞察力”

“深度强化学习”技术可以提高深度学习的效果，将深度学习与强化学习（第 80 页）相结合，可以弥补人工智能在“洞察力”方面的欠缺。

深度学习 + 强化学习 = 深度强化学习

深度强化学习是深度学习和强化学习的组合。强化学习的方法是不断试错，在人工智能接近正确答案时给予奖励，主要用于游戏和路线搜索等特定环境中的人工智能。深度强化学习也能在相同领域发挥优势。

深度强化学习的关键在于通过深度学习提取特征。深度学习可以在每张照片上数以千万计的小像素之间找到关联，提取特征并进行图像识别。深度强化学习可以将这个功能用于人工智能与环境的交互。例如在游戏中，人工智能的某个行动致使环境发生变化，会获得最终分数，确定相应的奖励。深度学习技术可以找到“现状→行动→环境变化→奖励”这个过程的特征。

提取必胜模式的共同“特征”

复杂游戏和路线搜索的强化学习中，评价部分的难度最大。到达最终目标之前存在多种选项，因此即使最终获得了高分，或者短时间内达成目标并得到了奖励，也很难得知具体是哪个行动影响了结果的好坏。

深度强化学习可以利用深度学习提取“获得更多奖励时的共同行动”，就好比找到日本象棋、国际象棋中的定式或捷径等必胜的行为模式，与我们通过反复练习和积累经验发现某些窍门是同一个道理。也就是说，将深度学习与强化学习相结合，可以提高人工智能的“洞察力”。

术语解说　像素：电脑中图像信息的最小单位，呈小方格形，通过着色和在画面上大量堆砌构成图像。分辨率为 1280 × 720 的高清画质中约有 92 万像素。

深度学习使深度强化学习成为可能

通过深度强化学习，人工智能更容易找到必胜模式和获得成功的窍门。

传统的强化学习

研发人员通过编写详细的程序对“行动、环境、奖励”进行评价。

传统的强化学习很难找到是哪个行动带来了奖励。游戏越复杂，选项越多，评价行动的难度越大。

深度强化学习

深度学习根据数以千万计的像素分析图像，从极为详细的信息中找出关联。

应用这项功能！

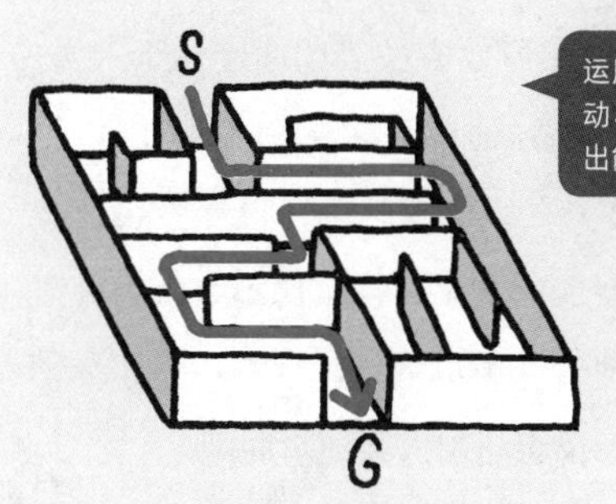

运用深度学习技术根据“行动、环境、奖励”的关系找出能够获得奖励的行动。

通过深度强化学习提取出能够获得奖励的“行动特征”，尽快找到行动和奖励之间的关联，就能找出必胜模式。

048

DQN 通过深度强化学习独立打通游戏

谷歌公司开发的 DQN 就是体现深度强化学习有效性的一个例子。DQN 可以像人一样，独立摸索和学习游戏、打通游戏并连续获得高分。

Q 学习和深度学习的结合

谷歌公司开发的 DQN（Deep Q-Network）人工智能充分展示了深度强化学习的实力。Q 是强化学习算法“Q 学习（Q-learning）”的省略。Q 学习为每一种环境和情况都设置了奖励函数 Q 值，其优点是可以通过增加 Q 值应对各种情况；缺点是遇到像现实世界一样实时变化的情况时，Q 值增大，会导致信息处理负荷加重，不过在环境变化有限的游戏中可以发挥强大实力。

自学游戏规则，通关过程中变强大

DQN 已经学会了弹珠台（Pinball）和打砖块（Breakout）等多个经典游戏。首先需要注意，谷歌的研发人员并没有向它传授游戏规则。DQN 在完全不知道玩法的情况下开始游戏，在不断失败之后成功通关。

这与我们不看攻略，一边玩一边找到玩法的过程是一样的。虽然游戏很简单，但通关前会出现无数选项，而且也没有哪个步骤一定可以通关，不过我们很快就能找到诀窍。人工智能的学习效率虽然远远逊色于人类，但最终也完成了通关，DQN 经过数百次尝试才通过了打砖块的前几关。

令人惊讶的是之后的进展，DQN 通关之后继续尝试，得分会迅速提高，在许多游戏中都超过了人类。人工智能的洞察力确实比不上人类，学习需要更多的时间，但它能快速、准确地处理大量信息，有时还能注意到人没注意的地方。或许这种时候就是人工智能超越人类的瞬间吧。

DQN 是什么

DQN 的 Q 值会根据情况的变化不断增加，记录在各种情况下获得成功的行动，不断增加 Q 值，便可以找出各种情况下的最优行动。

❶ 首先设定 Q 值

完全不知道玩法。

NEW

Q 值（起点）=0 分

❷ 开始游戏，随机行动

（在起点）被敌人打倒。

（打倒敌人后）虽然打倒了敌人，但自己掉下了悬崖。

反复挑战，直到成功。

❸ 游戏后调整 Q 值

（起点）落在敌人上方就能前进。

UP

Q 值（起点）=1 分

（打倒敌人后）不知道是什么原因导致出局。

NEW

Q 值（打倒敌人后）=0 分

❹ 结合前面的经验，再次挑战

（起点）好像踩到敌人就会出局。

UP

Q 值（起点）=2 分

（打倒敌人后）在悬崖附近跳起来可以继续前进。

UP

Q 值（打倒敌人后）=1 分

（悬崖深处）悬崖尽头有一堵墙，无法前进。

NEW

Q 值（悬崖深处）=0 分

049 阿尔法狗打败围棋世界冠军

谷歌开发的人工智能阿尔法狗打败了围棋世界冠军、职业九段棋手李世石，这条新闻令"深度学习"名声大噪，这也是深度强化学习的成果。

如何找到需要评估的局面

阿尔法狗由三种人工智能组成。一种是搜索型人工智能，使用蒙特卡洛树搜索算法来应对简单的局部棋，这种方法只有在非常有限的情况下才能奏效。应对更大的棋局需要使用另外两个多层神经网络，即棋局评估人工智能和战术预测人工智能，二者可以同时思考不同的问题。

棋局评估人工智能负责判断战况，也就是考虑棋局与赢棋（目的）的关联。可是做了棋局评估之后，选项仍然过于繁多。此时就需要战术预测人工智能发挥作用，预测对手下一步最有可能走哪一步棋，也就是考虑棋局与对手的关联。这样一来，人工智能就更容易找到需要评估的局面，找到好棋的走法了。这种方法本身并不新鲜，阿尔法狗的秘密在于其采用的学习方法。

从棋谱中学习，在实践中变强

在对局势复杂的围棋进行棋局评估和战术预测时，阿尔法狗采用了深度学习和强化学习技术。

基本原理与人工智能学习识别猫的图像相同。过去的棋谱就是教材。战术预测人工智能会反复学习某种棋局（输入）对应的下一步走法（输出），直到达到能在相似局面中预测出正确走法的水准。棋局评估人工智能学习某种棋局（输入）对应的是输还是赢（输出），能在一定程度上判断出特定局面是否有利之后，再进行强化学习。在无数次对局的过程中，人工智能随机走出棋谱中没有的走法，通过奖励对这种走法做出评价，不断提高棋艺水平。

阿尔法狗的三种人工智能

阿尔法狗通过①搜索型②棋局评估③战术预测这三种人工智能的协同作业，找出最佳的落子位置。

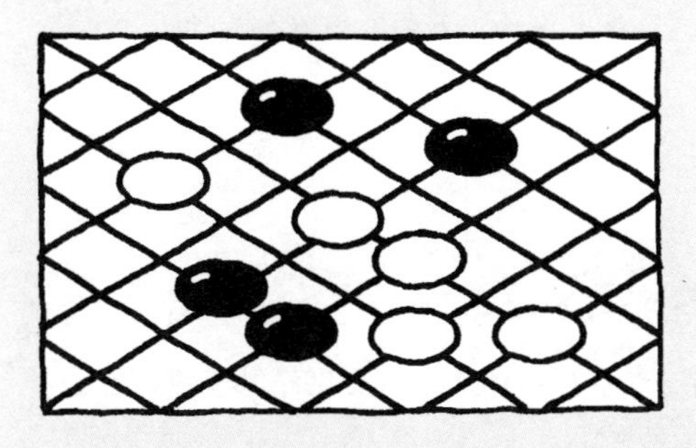

人工智能在反复搜索、评估和预测的同时，比较各种局面下的走法，力争最终形成对自己最有利的棋局。左图只是一个例子，实际上人工智能可以从各种方法的组合中找到最佳走法。

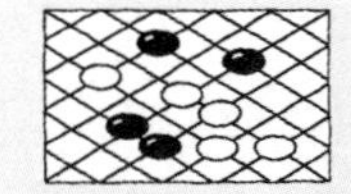
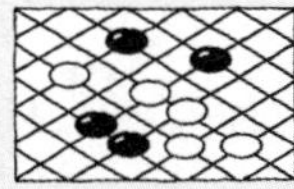
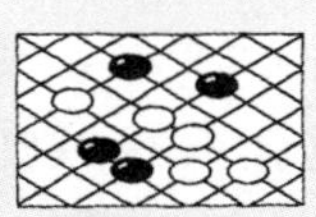

不同走法会导致多种不同局面

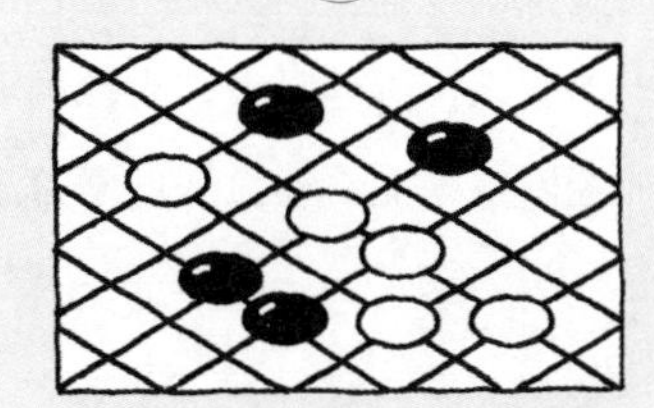

选择并评估对自己有利的局面

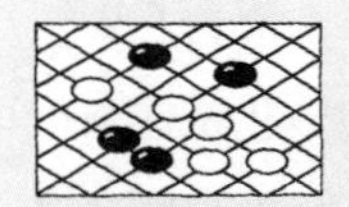
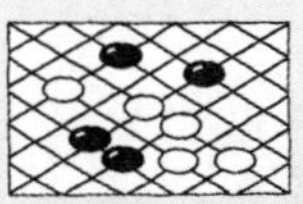
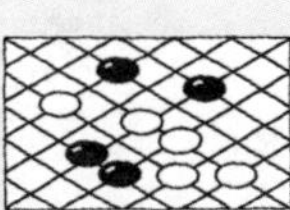

预测对手下一步落子的多种可能，再次评估，考虑自己处于最为不利的地位（对手处于有利地位）时的下一步走法。

❶ 搜索型人工智能

寻找可行的落子位置，选出几个最有利的走法。

❷ 棋局评估人工智能

评估所有局面，找出最优局面。

❸ 战术预测人工智能

针对特定棋局预测对手的下一步棋，选出几种可能的情况。

050

卷积神经网络擅长图像识别

多层神经网络有多种类型，本书介绍的事例使用的都是通过“卷积”的方法擅长图像识别的神经网络。

通过卷积强调特征

卷积神经网络（CNN, Convolutional Neural Network）是最有代表性的多层神经网络，擅长图像识别。本章介绍的多层神经网络几乎都属于卷积神经网络。

卷积神经网络最主要的特点是在处理信息时强调特征。图像中遍布以像素为单位的庞大信息，人工智能很难逐一处理所有信息，这样做效率也会非常低下。这种情况下需要采用卷积处理，即根据特征（形状、颜色、图案等）分离图像，强调图像的特征部分。接下来只需比较特征信息，判断这是什么图像。也就是通过卷积减少多余的信息。

卷积和画头像画的过程很像。好的头像画能捕捉到人物特征，因此即使不像临摹那样精确地描绘，也能让人一眼认出画的是谁。头像画要抓住人物特征需要一些技巧，同样，卷积神经网络也需要通过深度学习来掌握有效的卷积方法。

通过“池化”降低分辨率

卷积神经网络除了卷积，还会进行池化（Pooling）处理，即确认图像中每个区域的特征（形状、颜色、图案等），将其整合为一个信息。从整合过于精细的像素信息这一点来看，池化与卷积相同，不过池化是针对画像的各个区域进行的。池化也可以说就是降低图像分辨率，而卷积则只是将与特征相关的信息汇总成小份，并不会降低画像原来的分辨率。

卷积和池化

在处理像图像等精密复杂的数据时，捕捉特征和简化数据十分重要。

◉卷积

只提取轮廓，使人工智能正确识别出轮廓的特征。

只提取色调，使人工智能正确识别出色调的特征。

只提取对比度，使人工智能正确识别出对比度的特征。

卷积就是按特征分离图像，强调各项特征。

◉池化

池化是将图像分割为若干区域，确认每个区域的特征，将其整合为一个信息。

池化之后的分辨率比原图像低，减少了无关数据，只显示最具特征的部分。

051 循环神经网络掀起机器翻译革命

循环神经网络（RNN）也是近年来备受瞩目的多层神经网络之一。它通过类似鸡生蛋、蛋生鸡的循环处理，实现更为顺畅的机器翻译。

结果也会变成原因的递归处理

循环神经网络（RNN, Recurrent Neural Network）擅长自然语言处理。循环（递归）指像鸡和蛋的关系一样，结果也能变成原因的一种循环状态。蛋生鸡，鸡生蛋，蛋生鸡……这种循环状态就是“递归”。

在编程中把程序调用自身正在执行的代码（指令）称为递归。例如创建斐波纳契数列的递归处理：第一步用 0 加上 1，得到结果 0+1；第二步将第一步的结果（0+1）加上 1，得到（1+1）；第三步将第二步的结果（1+1）加上第一步的结果（0+1），得到（2+1）；第四步将第三步的结果（2+1）加上第二步的结果（1+1）……

循环神经网络可以根据词语之间的关联来翻译

实际上，人工智能理解语言的最大障碍是每个词语的含义有可能根据上下文而变化。假设将“我养了猫”这句话分解成“我”“养”“了”“猫”，每个部分都有各自的含义，彼此之间也相互关联，合在一起就构成了整句话的意思。这里体现了递归性。如果不知道词语的含义就无法理解它们之间的关联，而不理解词语之间的关联也就无法知道其准确含义。

过去的机器翻译并不理解词语之间的关联，因此只能分别翻译出每个词语的含义，按照语法将其重新排列。循环神经网络导入递归处理，从而实现了更自然顺畅的翻译。循环神经网络在翻译第二个词语时，会根据它和第一个词语的关联来翻译；在翻译第 N 个词语时，会根据其与前面翻译过的所有词语之间的关联来翻译。经过这种处理，就可以用递归的方法来翻译整个句子了。

术语解说 斐波纳契数列：“0,1,1,2,3,5,8,13,21……”，在这个一直延续的数列中，每一项都等于前两项之和，是一种典型的递归处理（前面的处理会一直影响后面的处理）。

循环神经网络是什么

递归处理可以根据“词语之间的关联”处理语言，能在机器翻译等自然语言处理中发挥巨大优势。

◉什么是递归

有了“鸡生蛋”“蛋生鸡”两个定义，鸡和蛋的诞生就可以一直持续下去，这就是“递归”。

◉循环神经网络是什么

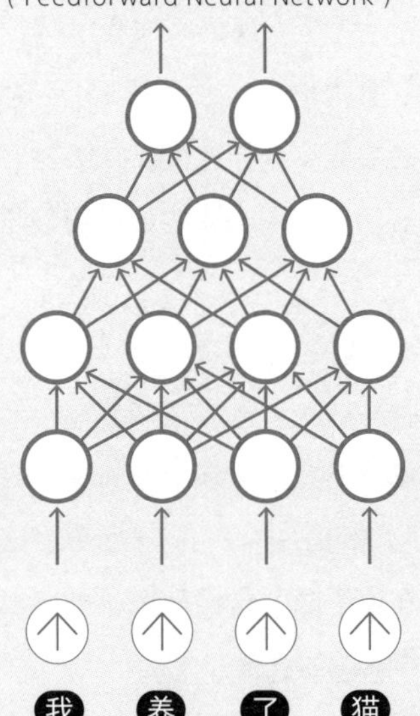

前面介绍过的典型神经网络都是前馈神经网络，卷积神经网络也属于这种类型。所有信息都是按照从输入到输出的方向传播，能够同时处理所有的输入信息。

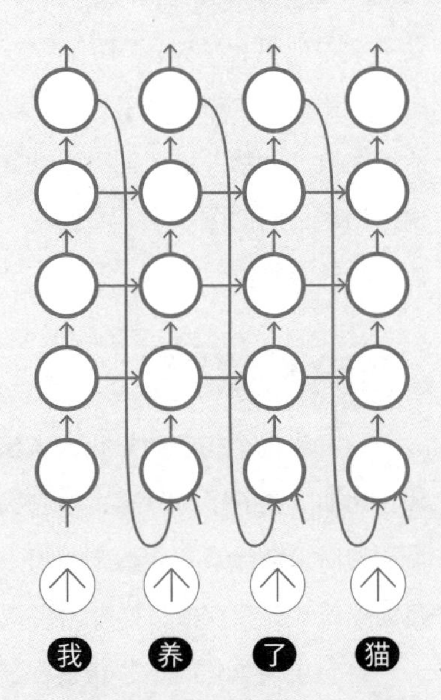

输出信息还会变为输入信息，进行局部循环。每重复一次循环都会增加一些信息，前面的输出信息会像短期记忆一样一直保存下来。这种方法处理那些“时间”和“顺序”具有重要意义的信息更为有利。

052

将词语和句子的含义转换为向量

循环神经网络有可能让机器翻译变得更为顺畅自然，为了促进其进一步发展，已经有研究人员开始采用将词语和句子的含义转换为向量的方法。

“词语含义”向量化

计算机用数值来处理语言，ABC可以用十进制表示为65、66、67，日语也可以转化为相应的数值。

那么，词语和句子的含义呢？以往的知识表示将词语（数值）与词语（数值）之间的关联理解为“含义”，处理起来十分复杂。于是研发人员开发了文本向量化（Word To Vector）的方法，就是给词语添加表示特征的参数，比如为“猫”这个词赋予动物值90、食肉值85、食草值15等参数。然后在给“动物”这个词赋予动物值100的参数，这样就可以在必要时推测出词语之间的关联了。实际上，通过机器学习，人工智能可以调整超过数百种的参数值。

“句子含义”向量化

还有将整个句子向量化的方法，基本原理是将句中词语的向量组合起来。比如“我养了一只猫，但它去年死了”这句话，“养了”“死了”这两个词的向量会导致句子的饲养值上升，存在值下降，这样一来就可以根据高饲养值和低存在值，推断出“现在没有养猫”的含义。

将句子向量化时，每句话都需要处理数千种以上的参数。如果开发出了可以根据上下文改变参数的算法，数值的变化可能就无法预测了。也许有一天，机器翻译也会变成像夏目漱石一样，把“I love you”翻译成“今晚月色真美”。

术语解说 向量化：向量化通常用“维”来表示参数的数量，词语向量化也可以说是“用几百维向量来表示词语含义”。

词语和句子的向量化

为了使人工智能更准确地读懂词语和句子的含义，研究人员研发出了向量化方法。

◉词语的向量化

将特定词语转换为多个参数。

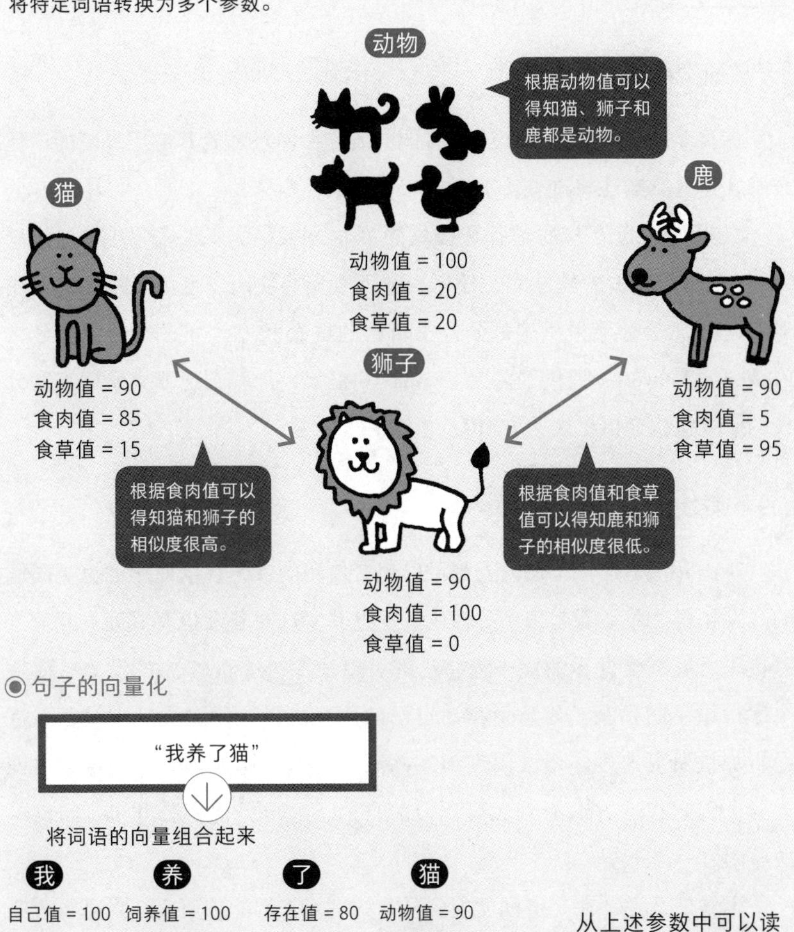

◉句子的向量化

“我养了猫”

将词语的向量组合起来

我	养	了	猫
自己值 = 100	饲养值 = 100	存在值 = 80	动物值 = 90
他人值 = 0	动物值 = 50		食肉值 = 85
			食草值 = 15

从上述参数中可以读出“我正在饲养一只肉食动物（猫？）”的信息。

根据词语之间的关系增加或减少数值，用参数来表示整个句子的含义。

053 可自由使用的资源推动研究继续扩大、发展

过去也曾经有一些新技术给世界带来了深远影响，深度学习及其研究成果的公开将带来更大的冲击。

开放研究成果（源代码）

深度学习极大地推动了人工智能的研究，而且随着其应用环境的广泛公开，这些影响还将进一步加剧。

最近最广为人知的是谷歌提供的 TensorFlow，这是一个开放源代码（开放程序代码）的软件库，任何人都可以免费使用，也可以用于商业用途。此外，还有很多机构都公开了自己的框架和库，如日本的创业公司 Preferred Networks 提供了名为 Chainer 的框架，加利福尼亚大学伯克利分校的研究机构提供了名为 Caffe 的框架。

谷歌为什么要公开 TensorFlow

TensorFlow 是一个任何人都可以免费使用的库，谷歌使用的也是同样的开发环境。此举看起来十分慷慨，不过其实这对谷歌也有好处。开放了源代码之后，全世界的优秀程序员都可以发挥 TensorFlow 的潜力，使这个库得以不断扩张。谷歌贡献出自己的研究成果，同时也从中受益，进一步加快研发速度。最大限度地发挥深度学习的能力，需要大量数据做支撑，谷歌在这方面有着无可比拟的自信，这也是他们公开 TensorFlow 的原因之一。

不管怎么说，在一定程度上公开和共享人工智能的研究结果已经成了全世界的潮流。在这种情况之下，使用深度学习和多层神经网络的人工智能开始了迅猛发展。

术语解说 库：收录编程所需要的代码，类似于百科全书。用户必须理解代码的内容，自己制作才能使用，不过可以随意补充。

不断开放源代码的深度学习技术

源代码的开放使全世界的优秀研究员和程序员都能参与到研发之中，推动人工智能技术持续加速发展。

◉开放深度学习技术源代码的主要企业和研究机构

TensorFlow

谷歌的软件库，用于搜索引擎、谷歌翻译、图像搜索和谷歌智能助理等。

Microsoft Cognitive Toolkit

利用深度学习进行图像识别和语音识别的工具包，用于Cortana、Skype、Bing和Xbox等。

Chainer

Preferred Networks公司提供的框架，用于FANUC的机械臂和工厂机器人等。

Caffe

由BVLC（加利福尼亚大学的研究机构）开发，用于学术研究中的图像识别测试和无人机飞行等。

Theano

面向Python的深度学习数值计算库，用于人脸识别实验和图像分类等。

Torch

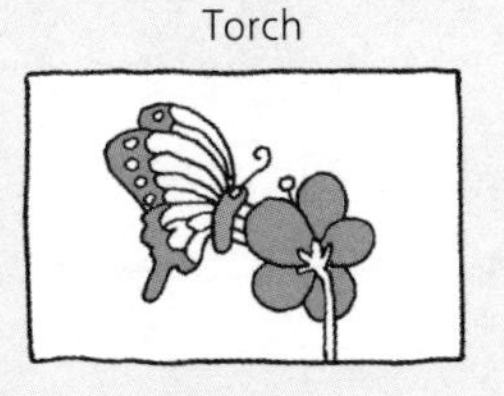

面向神经网络的机器学习框架，用于图像编辑、照片加工等。

◉不断开放源代码的原因

全世界的程序员都能从事研发！

推动人工智能进一步发展！

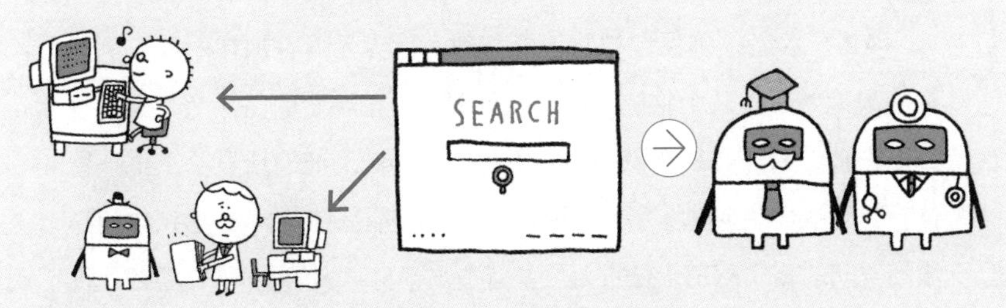

邀请全世界的研究者和程序员利用源代码，彼此分享各自的研究成果，有助于丰富和扩大自己的库。此举会促进使用深度学习的研究和开发加速发展。

术语解说 框架：类似于为了使用现成程序而填写的申请书，只要填上必要的信息就可以运行程序，不过自由度比较低。

Column 4

VR、AR和人工智能将虚拟空间和现实世界连接在一起

近年来，除人工智能以外，VR（Virtual Reality，虚拟现实）和AR（Augmented Reality，增强现实）技术也受到了人们的关注。二者听上去很像，VR是让使用者感觉自己进入了虚拟空间之中，AR则能让使用者看到现实世界中并不存在的东西。

VR可以与人工智能技术相得益彰。虽然VR技术本身只是通过人的感知系统发挥作用，没有人工智能也能实现，不过VR技术与人工智能组合起来，可以创造出更广阔的应用范围。比如在VR游戏中，如果游戏里的场景十分逼真，但角色的反应过于机械的话，一下子就会失去真实感。而如果游戏里的角色能和人对话，像人一样做出各种反应，玩家的代入感就会大大增加。

VR还可以用于模拟训练。如果是机器维修等内容自然没什么问题，可如果要模拟人，情况就完全不同了。例如在护理和治疗的模拟训练中，操作失误时如果屏幕只提示“错误”就比较缺乏现实感，而如果VR能呈现出与人在受到错误操作时一样的反应，训练就会更真实生动，学生也能更加认真对待。

AR技术必须确保虚拟物体能与现实世界无缝叠加在一起。例如智能眼镜要显示某个物体，必须能识别用户正在看的是什么，否则就难以发挥作用。必须在识别出对象物体的基础上准确地显示出虚拟物体，否则就会缺少真实感。无论是VR技术还是AR技术，虚拟空间和增强空间的真实感都十分重要。要营造出“更真实的空间”，需要让机器理解现实世界，为此需要运用图像识别和语言处理等人工智能技术。

CHAPTER 5

人工智能现在可以做什么

如今，人工智能技术已经应用于各种产品和服务，活跃在智能助理、财务顾问、安全防范、自动驾驶汽车和医疗诊断等诸多领域。

054 图像识别技术被用于监控摄像头和医疗现场

2012年SuperVision问世以后，深度学习研究在全球都实现了飞速发展。仅仅几年的时间里，深度学习的性能就有了大幅提升，在现实社会中得到了广泛应用。

图像识别发展为人脸识别

图像识别中深度学习的效率有了大幅提升，单样本学习（One Shot Learning）越来越多，只有较少的结构化数据也可以学习。只要最初有几张带标签（名字）的图像，之后没有标签也可以自主学习，工作人员只需在庞大的数据中标记几张照片即可。

图像识别能力也有了显著进步，最初只能识别出网页上的图像是猫还是狗，而现在已经发展到可以区分人脸了。在监控摄像头中导入这种技术，就能辨认出系统中录入的通缉犯了。

就算没有事先录入人员信息，人脸识别也可以发现“这里有人”，可以掌握人员的数量、活动和流向，收集拥挤程度的数据。在考虑公共交通工具的运行和举办活动时的人员配置时应用这项技术，有望减少成本，提高服务质量。

人工智能发现病变的概率高于医生平均水平

人工智能的图像识别技术最先在医疗领域取得了突出成绩。X光和CT等医学检查设备会用到大量图像，利用人工智能进行图像诊断已经取得了一系列成果，如“根据X光片发现癌变”“根据皮肤照片发现皮肤癌”“根据眼球毛细血管图像判断有无病变”等。

人工智能发现病变的概率高于医生的平均水平，进一步普及有利于人们尽早发现疾病。在不远的将来，很可能是先由人工智能分析有无病变，再由专业医生进行确认。

术语解说 人脸识别：根据摄像头中的人脸，识别和验证人物身份的技术。计算机能够准确识别出不同的人脸，人们只用刷脸即可解锁，而不必再使用钥匙或密码了。

图像识别技术的发展和应用

基于深度学习的图像识别技术得到了飞速提高，已经达到了实际应用水准。

◉什么是单样本学习

是通过学习少数几张“有标签”的图像来识别“无标签”图像的方法。

只要从数量庞大的图像中选取几张标记上“猫”的标签，人工智能就能学习到猫的特征，知道这就是猫。

◉图像识别技术的实际应用

监控摄像头

即使在不知道有什么人、有多少人，以及具体去向的情况下，摄像头也能识别出每个人的人脸，准确地掌握到有多少人在去往哪里等信息。

X 光和 CT

人工智能已经能够从图像中发现医生都未能注意到的病变。

055 语音识别技术在呼叫中心大显身手

和图像识别一样，基于深度学习的语音识别领域也开始了实际应用，语音合成技术的发展还带来了一些让人意想不到的应用方法。

人工智能可以识别实际听到的声音

现在的智能手机大多具有语音输入功能，这是人工智能语音识别能力的提高带来的成果。语音识别将语音转化成文字达到了与人工相当的水平，只是人有能力根据上下文把没听清的内容补充完整。实际上，在识别实际听到的语音方面，人工智能的实力几乎与人不相上下。

瑞穗银行等公司将语音识别系统导入呼叫中心，与沃森组合起来一起使用。在话务员听取客户的问题时，沃森可以提前收集与咨询相关的信息。不过人工智能虽然能将语音转化为文字，但理解内容的能力远远不够，暂时还需要工作人员的辅助，这种应用形式已经投入实际运作当中了。

语音合成技术还促进了语音认证的发展

开发人员还研发出语音合成技术，人工智能可以参考真人的声音创造出自己的声音。虽然那些需要根据前后语境略做变化的发音还有待完善，但这方面的技术确实在持续进步。Pepper 能通过语音表达自己的情感，就是得益于语音合成技术。

语音认证也开始应用语音合成技术。目前投入使用的语音认证可以针对某些特定的词识别出不同人的声音，但换成其他词就无法识别了，因此需要用到语音合成技术，即根据识别对象的音质合成出词或句子，然后再进行比较。目前有些研究人员正在研究的技术还会尝试识别出不同发言人的语音，将其转化为文本，形成会议记录。

术语解说 Pepper：软银研发的私人机器人，不仅能辨别人类的情感，还可以根据“情感引擎”生成自己的情感模式。

语音识别技术的发展和应用

人工智能可以准确识别出实际听到的声音，已经开始在呼叫中心等场合投入实际应用。

◉用于呼叫中心的人工智能

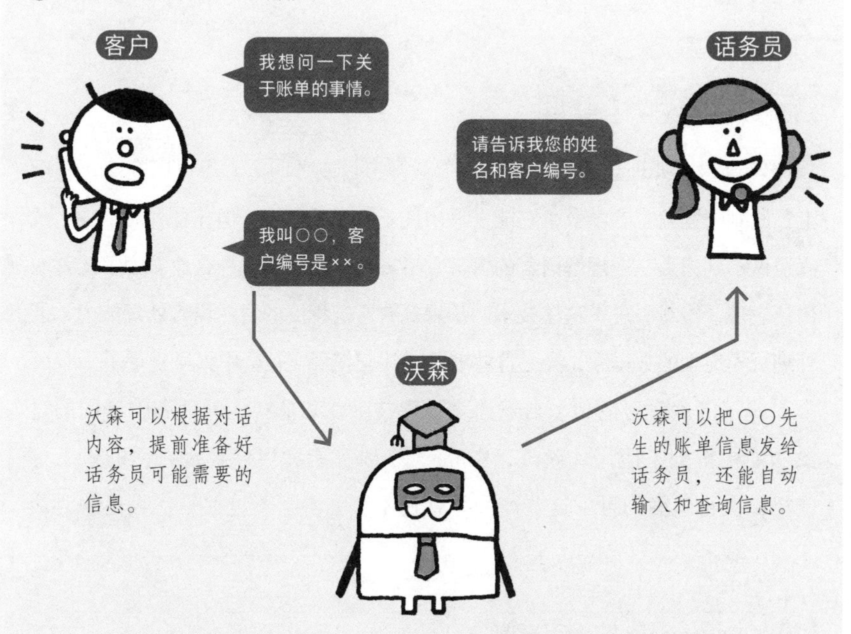

◉语音合成也成为可能

录下很多人的声音模式。

人工智能自动将各种模式组合起来，合成语音。

人工智能根据真人的声音合成自己的声音，开口说话。

056 自然语言处理技术的进一步发展

深度学习推动了自然语言处理技术的发展，虽然目前的人工智能还无法与人顺畅对话，但这项技术已经在诸多领域得到了实际应用。

研发同时投入实际应用

沃森可以处理自然语言，在智力竞赛节目或呼叫中心等可以在一定程度上预测到问题内容的场合，它能发挥出优于人类的作用。但在各种对话中，沃森还做不到像人一样理解语言的含义。尽管如此，仍有各种企业看中了沃森的出色表现，纷纷引进了这项技术。沃森拥有一定程度的自然语言处理能力，能处理规模庞大的数据库，光是这些就足以让它在现实社会中大显身手了。

基于深度学习的新型自然语言处理技术在谷歌智能助理和脸谱网的过滤功能中得到了应用。此外，Rinna、小冰等能和用户直接对话的人工智能机器人也陆续问世。这些产品尽管还不够完善，不过都是代表性的对话式人工智能。

更会“说人话”的人工智能

还有一些研究旨在让人机对话变得更为顺畅，其中的方法之一就是语言的向量化（→第 136 页）。这种方法在处理语言时用参数表示词语的特征，通过循环神经网络系统调整参数。

比如对于“女性国王是什么？”这个问题，传统的搜索型人工智能会在数据库中搜索“女性”和“国王”这两个词，找到“女王”一词。而新型人工智能则会调整“国王”这个词的参数值（统治值、男性值等），例如降低男性值，提高女性值，找到与之一致的概念，即“女王”一词。在这个事例中，两种人工智能找到的结果相同，不过新型人工智能有一个强项，即能从句子的含义和要素出发，解答没有先例的问题和难题。

术语解说 Rinna：微软日本研发的聊天机器人，采用女高中生形象，能通过 LINE 和 Twitter 与用户对话，对话时会参考从 Bing 等搜索引擎上收集到的大数据。

自然语言处理技术的发展和应用

自然语言处理技术虽然还有许多亟待提高的地方，但已经在各种场景得到了应用。

◉ 自然语言处理人工智能的应用

只要拥有“理解庞大文本的能力”和“与人交流的能力”，就能在某种程度上在现实社会中大显身手。

- 沃森
- 谷歌智能助理
- Siri
- Rinna 等

分析资料和论文

为药物处方提供建议

AI 助理

呼叫中心业务

◉ 向量化推动了自然语言能力的发展

给国王增加女性值，减少男性值，就能得到女王。

正确理解词语的“含义”和“关联”，就可以换用其他词语来表达，这种方式更接近人类处理自然语言的方式。

术语解说 小冰：微软开发的中文聊天机器人，通过“微博”和中国用户对话。小冰是 Rinna 的雏形，随后微软又推出了英语版的 Tay。

057 人工智能助理在现实世界大显身手

深度学习技术推动了图像识别、语音识别和自然语言处理技术的发展，这些技术组合而成的 Siri 和谷歌智能助理等高级人工智能助理陆续问世。

人工智能助理的出现和普及

iPhone 的 Siri 是我们最熟悉的能用语音交流的人工智能助理。市场上还有许多同类型产品，如谷歌智能助理，在美国大受欢迎的智能音箱 Amazon Echo 中的 Alexa，三星的 Bixby（以 Siri 开发团队开发的 Viv 为雏形）等。

这些智能助理的基本功能相同，都能识别用户语音，回答用户提问并执行指令，有的还可以用合成语音回答问题，都应用了大量语音识别、自然语言处理等人工智能研究成果。

人工智能可以是秘书，也可以给专家当助手

这些人工智能助理可以从事一些类似秘书工作的任务，如提供天气、时间、日期等信息；管理日程表；管理邮件；预约和订购商品；控制智能家电等。它们能胜任的工作不断增加，而且具备学习用户喜好和倾向的功能，可以持续进步。不过在自然语言处理技术的研发方面，英语圈要先于日语圈，所以日语版的人工智能助理往往会“姗姗来迟”。

除了上述个人助理之外，还有从事专业工作的人工智能助理。沃森就曾经在某所大学担任教学助理，辅助教授授课，它负责回复邮件和解答学生提问等工作，许多学生根本没有发现自己面对的其实是人工智能。人工智能成为专家助手的时代已经开始了。

人工智能成为助理

人工智能集图像识别、语音识别、自然语言处理等各项功能于一体，就可以给人类做助理了！

◉ 从事秘书性工作的人工智能

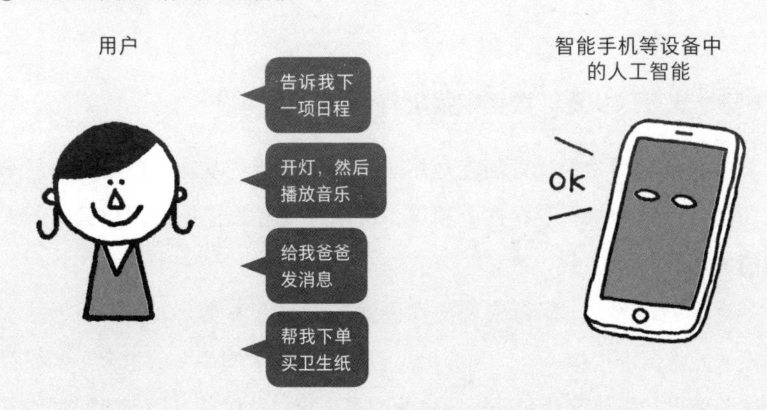

人工智能可以处理简单的日常事务。

◉ 担任专家助手的人工智能

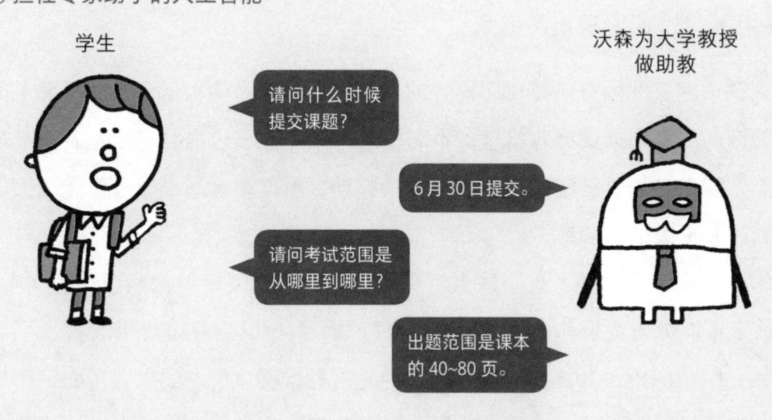

学生提出的常见问题都由沃森来回答。

058 深度学习推动了推荐功能的发展

深度学习也推动了过滤方法的进步。广告和购物自不必说，Spotify 等音乐服务也导入了人工智能技术。

协同过滤可以从统计数据中找出有价值信息

在线购物网站的推荐功能运用了在搜索功能的基础上发展起来的筛选功能（→第 98 页）。在这个领域，协同过滤和数据挖掘同样受到了人们的关注。

谁都能预测到“买意大利面和酱汁的人很有可能会买帕尔玛干酪”，但没人能像深度挖掘一样，预测出类似“纸尿裤和啤酒”的组合。要找到这样的信息，需要统计和分析用户的购买记录，这时就会用到协同过滤方法。积累和筛选用户购买的商品、价格、评价、搜索词、浏览历史和浏览时间等所有相关信息，才能找出像“纸尿裤和啤酒”这样的组合。

用内容过滤显示相关信息

内容过滤的方法要比协同过滤更简单，优点是能根据商品和页面上的关键词和类别提供推荐信息，不需要统计数据。不过内容过滤也有一个缺点，就是必须要设定详细的类别和关键词，所以很难用来处理数量庞大的商品和页面上的信息。

深度学习弥补了这个缺点。深度学习能分析复杂的商品说明和文本，甚至还能分析音乐和视频，从中提取特征，判断其内容是否相似。

Google Play Music 和 Spotify 用的是这种准确率更高的内容过滤。用户选择了某一首曲目，软件之后便会播放相似的曲目，这就是内容过滤的功绩。YouTube 也使用内容过滤为用户推荐内容相似的视频。

协同过滤和内容过滤

在线购物网站和视频网站的“推荐”功能应用了基于人工智能的过滤技术。

◉协同过滤

	意大利面	酱汁	罗勒	豆酱	酱油
A		购入		购入	购入
B	推荐	购入	购入	推荐	购入
C	购入	购入	购入		
D	购入	推荐	购入		

发现不同用户的行为的共同点，找到并推荐缺少的部分。信息越多，推荐的内容越准确。

◉内容过滤

用于数据筛选的个人信息：协同过滤会用到个人的购买历史等信息，在数据库中，系统会为用户分配匿名 ID 以免泄露其个人信息。

059

金融科技的普及

与金钱相关的领域也开始越来越多地应用人工智能。金融和科技融合的金融科技自然也离不开人工智能。

理财机器人可以提供理财策略

海外很多大型金融机构和金融科技公司都导入了人工智能助理“理财机器人”，提供的服务包括为希望理财的用户分析信息（年龄、职业、收入、资产、理财目的等），提供基本的理财建议等。理财机器人的优势在于用户可以用手机在线理财，即使没有基础知识和很多时间，也能轻松地获得专家级理财策略。

今后，功能更强大的理财机器人有望被导入各种服务中，“付诸行动前先找人工智能咨询一下”的现象也会愈加普遍。

人工做不到的高频交易和预测未来

理财机器人的工作也可以由人工负责，但股票和外汇的高频交易等工作是人工做不到的。人工智能发挥现代计算机的超强处理速度，在一秒之内能进行数千次交易，从而获得收益。这种操作只要简单的算法就能实现，因此得到了迅速普及。不过这种方法有时也会被用来进行价格操纵等违法行为，相关部门正在逐渐加强监管力度。

目前，金融科技领域最引人瞩目的是能参考规模庞大的历史数据库，预测未来价格走势的人工智能，这项工作必须通过深度学习等最新方法才能实现。人工智能可以分析股票和外汇在过去的价格变动图表，通过深度学习找到某些特征，据此预测未来的价格走势。预测未来的人工智能现在已经投入市场，正在不断取得成果。

在金融领域投入应用的人工智能

从提供基本的理财建议到预测未来的价格变动，人工智能可以通过分析规模庞大的历史数据大有作为。

◉ 提供基本理财建议的人工智能

人工智能会分析用户的年龄、职业、收入、资产、理财目的等，提供基本的理财建议。

◉ 预测未来价格走势的人工智能

使用股票和外汇的历史价格波动图表进行机器学习。

通过机器学习，从图表中找到价格变动前的预兆特征。

人工智能可以在短时间内学习人们需要花费数十年才能读完的大数据，从中找到人工无法发现的价格走势特征。

060

人工智能预防和抑制犯罪

在预防和抑制犯罪方面，人工智能也可以被用来预测未来。今后，世界各地都会导入拥有犯罪预测系统、能发现可疑行为并予以警告的人工智能。

犯罪预测系统 PredPol

2011 年，加利福尼亚州圣克鲁斯县警察局导入了犯罪预测系统 PredPol，并在 PredPol 预测的犯罪地点配备警力。在之后的两年里，该地区的犯罪率下降了 15% 以上，逮捕率也显著提高。犯罪往往发生在“过去发生过犯罪的场所及其附近”，再加上前科人员的位置、酒吧等位置、路灯数量（亮度）等环境因素，就可以在一定程度上预测犯罪。

看到这些成果，美国有越来越多的警察局导入了 PredPol 系统，日本也开始讨论引进相关技术。研究人员还开发出了应用深度学习技术的高级版本，日本也开始尝试研发 AI 出租车系统，用同样技术预测“能载到乘客的区域”。

人工智能摄像头预测反常行为

随着图像识别技术的进步，人工智能摄像头能通过识别人脸辨别出可疑人物，不过并不适用于有大量人员日常随机进出的地方。这种场合可以使用能够根据动作和随身物品发现可疑人物的人工智能。这种人工智能可以识别出不同于普通人的可疑动作，如“行为鬼鬼祟祟”“不断物色目标”以及“持有危险物品”等，然后做出警示。这种人工智能也可用于检测灾害被困者的动作、紧急发病患者的动作等。

以往人们安装监控摄像头是为了确认过去发生的事情，随着人工智能的发展，今后的摄像头则可以实时侦测到异常。将它与犯罪预测系统组合在一起，一定能打造出更安全的城市。

为维持治安贡献力量的人工智能

随着犯罪预测算法和图像识别技术的进步，人工智能开始活跃于安保领域。

◉ PredPol 的原理

基本前提 过去曾发生过犯罪的场所及其附近更容易发生犯罪

预测

PredPol能在地图上标记出发生犯罪概率较高的区域

环境因素
- ☑ 前科人员的位置
- ☑ 酒吧等位置
- ☑ 路灯数量（亮度）等

预防和抑制犯罪

◉ 预测异常行为的监控摄像头

监控摄像头

发现可疑人物

识别对象

“行为鬼鬼祟祟”
“不断物色目标”
“持有危险物品”等

寻找紧急发病患者

识别对象

“走路时步履踉跄”
“脸色差”
“动作明显迟缓”等

061

自动驾驶汽车的应用

继装有自动刹车等辅助功能的汽车问世之后，可以在公路上自动行驶的汽车也终于进入了实验阶段。自动驾驶技术可能彻底改变城市的风貌，它也与人工智能密切相关。

自动驾驶汽车分为四个级别

自动驾驶分为L1—L4四个级别。L1指系统可以执行加速、转向、制动中任意一项操作。L2指系统能同时执行加速、转向、制动等多项操作。L3指系统执行加速、转向、制动等所有操作，驾驶员仅在系统请求帮助时做出响应。L4指系统自动执行加速、转向、制动等操作，完全不需要配备驾驶员。

装有自动紧急刹车系统和自动巡航系统的汽车属于L1级。日产和特斯拉研发的自动驾驶汽车能在高速公路上自动保持车距和行驶速度，属于L2级。谷歌自动驾驶汽车等需要配备驾驶员的汽车属于L3级。L4级自动驾驶汽车尚处于道路测试阶段，不过技术已经达到可以在公路上行驶的水平。

以上是自动驾驶汽车的分类，不过最近L2及以下级别被称为辅助驾驶，而不是自动驾驶，真正意义上的“自动驾驶”需要达到L3及以上级别。

通过图像识别实时掌握路况

要实现L3及以上级别自动驾驶，需要高度的情况掌握能力。人在驾驶汽车时，主要通过视觉掌握周边情况，识别道路标志等。

自动驾驶汽车通过图像识别技术做到了这一点。近年来，深度学习推动人工智能图像识别性能取得了显著提高，不过自动驾驶必须实时识别道路标志，发现行人和障碍物，预测车距和对向车辆的行车路径等，还要能适当地处理突发情况。今后，在实现L4级完全自动驾驶汽车的过程中，人工智能作为重要基础技术还会取得进一步发展。

术语解说 加速、转向、制动：加速指操作油门，转向指操作方向盘，制动指操作刹车。驾驶汽车还需要很多其他操作，但不是自动驾驶汽车的评级指标。

自动驾驶汽车的级别

自动驾驶分为以下四个级别，其中不需要驾驶员的 L4 级自动驾驶汽车也即将进入应用阶段。

◉L1 级

由系统执行加速、转向、制动等任意一个操作，紧急情况下的自动刹车系统和保持汽车行驶速度的自动巡航系统属于这个级别。

◉L2 级

由系统同时执行加速、转向、制动等多个操作，在高速公路上自动保持车距和行驶速度，确保汽车沿道路行驶的辅助功能属于这个级别。

◉L3 级

由系统执行加速、转向、制动等所有操作，驾驶员仅在系统请求帮助时做出响应。

◉L4 级

由系统执行加速、转向、制动等所有操作，不需要驾驶员，经过道路测试，此类汽车已经达到了相关的技术水平。

进一步的级别区分：完全自动驾驶汽车（L4）还可以进一步分为“需要驾驶员”和“完全不需要驾驶员（L5）”两个级别。二者都可以实现完全自动驾驶，但在是否需要配备驾驶员以防万一这一点上有所不同。

062

实现 L3 级自动驾驶

L3 及以上级别自动驾驶汽车被称为真正的自动驾驶，现在正在世界各国进行道路测试。无须驾驶员就能实现自动驾驶的方法分为“自律型”和“协调型”两种。

自律型和协调型

L3 及以上级别自动驾驶几乎不需要人的参与。信号灯和交通标志自不必说，人工智能还必须完全掌握周围的车辆和行人等路况。

实现这种操作的方法大致分为两种。一种是“自律型”，汽车完全自动掌握周围的环境。另一种是“协调型”，需要在信号灯等交通设施上设置传感器，掌握周围路况，并发送给汽车。从成本方面来看，自律型自动驾驶要更为有利，不过协调型也完全可以实现在限定区域内行驶。

完全由汽车掌握路况，还是与环境协作

大家对自动驾驶汽车的印象可能一般都是自律型的。其实并非所有的 L3 及以上级别的自动驾驶汽车都能实时掌握所有情况。现在处于研发阶段的大多数汽车都需要使用预先标有各种标志、标识、信号灯和十字路口等位置的高精度地图。行驶过程中遇到难以辨别的道路标志和标识时，自动驾驶汽车会根据记忆做出相应判断。如果标志、标识发生变更，就需要重新绘制地图，或由 L3 级自动驾驶汽车的驾驶员做出应对。

协调型自动驾驶需要由装在信号灯和交通标志上的观测装置掌握周边路况，并将其发送给汽车。这种方式还需要车辆与车辆之间交换信息，协调掌握交通量和有无行人等信息。与自律型相比，协调型自动驾驶更有利于正确掌握周围情况，能获取大量信息，可以实现更安全、更流畅的自动驾驶。虽然建设数据库和基础设施需要庞大成本，但协调型更有利于真正实现推广自动驾驶汽车行驶。

自律型和协调型自动驾驶汽车

几乎不需要人参与的 L3 及以上级别自动驾驶大致分为自律型和协调型两种。

共同点

“自律型”和“协调型”都能掌握行人和周边车辆、信号灯、道路标线等基本信息。

自律型

装有各种类型的传感器，具有较高的路况掌握能力，在交通量较大时也能准确掌握周边的情况。这种自动驾驶汽车性能高，但价格昂贵，有时需要人参与驾驶。适用于家用汽车。

协调型

通过与其他车辆或据点通信来获取缺少的信息。在设施健全的环境下可以实现安全流畅的自动驾驶。汽车本身价格不贵，但基础设施建设需要耗费较大成本。适用于公共交通工具。

063 自动驾驶汽车需要“识别→判断”技术

想要实现安全、舒适的自动驾驶，需要完成的任务大致有三种：“识别”“判断”和“操作”。首先来看“识别”和“判断”。

雷达可以检测出车辆和人类

汽车行驶过程中会遇到很多需要识别的物体，但实际上并非所有物体都要用人工智能识别。例如，如果只是识别周围行驶的车辆，可以用探测金属等物体的雷达来测定其位置和距离。雷达技术的优点是拥有长期积累，覆盖范围比光更广等。如果使用特殊的短波雷达，行人也可以检测得到。

识别道路标线的难度更高一些，但也并非一定要用人工智能图像识别技术。也就是说，L1 级和 L2 级自动驾驶不需要人工智能。

能识别语言，却不会判断如何行动

需要用到人工智能的是 L3 及以上级别自动驾驶。因为 L3 及以上级别自动驾驶需要快速识别标志、标识和其他各种障碍物，掌握其位置关系和含义，并判断下一步该如何行动。

图像识别技术能够在瞬间识别出标志、标识以及交通警察的手势和障碍物。不过人工智能不仅要识别物体，还必须进行后续的判断。为此必须具备判断路况的基础知识，如看到“停”要怎么做，看到限速标志要怎么做等。现阶段，这部分内容需要研发人员逐一教给人工智能。

自然语言处理人工智能也许可以阅读交通法规教科书，但却无法像人一样理解书中的内容，就算能在笔试中获得满分，却仍不知道识别出交通标志后该怎么做。因此，研发人员需要逐一训练，如“看到停的标志要减速并停车让行”“停车让行是指……”“禁止驶入是指……”等。

自动驾驶汽车的“识别”和“判断”

即使没有人工智能，汽车也能做到“识别”，但要正确“判断”，则需要运用人工智能等高端技术。

◉自动驾驶汽车的“识别”技术

雷达可以探测金属等物体

雷达的覆盖范围比光更广，可以检测出周围车辆和行人的位置、距离（不需要人工智能）。

人工智能的图像识别能力

人工智能图像识别能力可以正确识别出行人、车辆、信号灯和人行横道等。

◉自动驾驶汽车的“判断”技术

可以识别交通标志等

难点是识别之后的判断

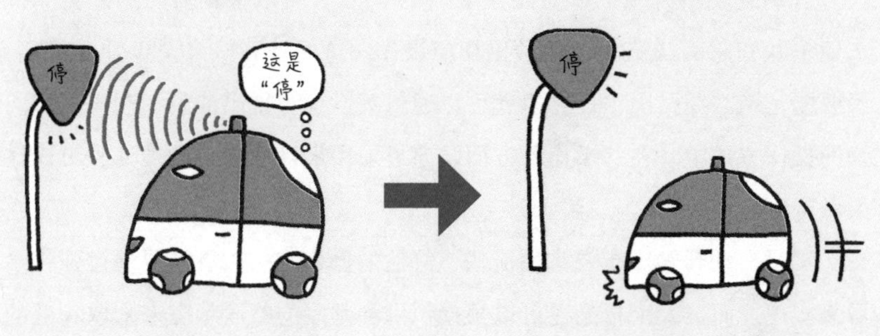

人工智能可以通过机器学习识别出“停”“单行道”等标志。

要理解交通标志并采取正确行动，如“看到停的标志要减速并停车让行”等，需要研发人员进行训练和构建复杂的算法等。

064 自动驾驶汽车的“判断→操作”技术

在自动驾驶的“识别”“判断”和“操作”这三个任务中，“判断”部分的难度最大。如今，这个难题已经通过先进的分布式人工智能的全面模拟得到解决。

通过分布式人工智能做出正确“判断”

L3 及以上级别自动驾驶采用了分布式人工智能（→第 102 页）。现实世界很复杂，同一个地方可能设有多个交通标志，交通警察有时还可能做出与标志不同的指示，交通事故更是屡见不鲜。分布式人工智能可以同时处理多个任务，更适合根据路况判断优先采取何种行动。每种人工智能分别独立运行，再由人工智能从整体上根据优先级别的不同来判断实际中如何行动。

优先级别最高的是不要撞到行人和车辆。在此基础上，再由其他人工智能识别交通标志和信号灯，规范驾驶。这种技术目前已经进入反复试验、全面模拟阶段。

“操作”是计算机的长项

自动驾驶中另一个重要任务是“操作”。人可以根据自己的感觉掌握车辆形状和路面状态等，并做出相应操作。这对计算机来说也并非难事。只要能正确掌握路况，计算机就可以通过数学运算得出油门、刹车和方向盘的操作方式了。在“操作”方面，通过采用最优算法，自动驾驶可以比人做得更完美。

不过自动驾驶汽车要掌握流畅、舒适的操作方法，还需要通过强化学习来实现。而且人工智能还可以根据识别和判断的路面状态来采取相应的操作。也就是说，自动驾驶的最大障碍是“识别”和“判断”。深度学习已经逐步克服了“识别”的障碍，现在的人工智能研究正在努力解决“判断”这个最后的难题。

自动驾驶汽车的“判断”和“操作”

对于拥有强大运算能力的人工智能来说，通过计算来控制的“操作”可谓易如反掌，而难点在于根据路况做出“正确判断”。

◉通过分布式人工智能进行判断

优先顺序①
不要撞到行人和车辆。

优先顺序②
识别交通标志和信号灯，规范驾驶。

没有人和车的时候，只要识别交通标志和信号灯，规范驾驶即可。

前方出现行人或车辆时，优先级别最高的是“不要撞到行人和车辆”。

◉自动驾驶汽车的“操作”技术

根据算法进行操作

加速、转向和制动在一定程度上可以通过公式计算出最优值。评估路面和周围环境等条件，选择当前条件下最适合的操作方式。

基于强化学习的操作

通过模拟和实际驾驶学习如何进行最优操作，应用人工智能来掌握问题所在和构建自动改善系统。

065

无人机拥有无限可能

很多不需要远程控制的自主飞行式无人机都搭载了人工智能技术。自律飞行无人机的用途极为广泛，相关的程序研发也势头正旺。

与汽车相比，无人机需要“判断”的因素更少

自动驾驶汽车最难实现的部分是“判断”，飞行机器也同样如此。不过空中的障碍物远远少于地面，也不会遇到行人。要判断的元素越少，就越容易控制，这也是飞机比汽车更早实现自动驾驶的原因。

从这一点来看，可以说无人机也很容易实现自动操作。低空飞行需要躲避障碍物，不过无人机的飞行速度不太快，技术方面的难度不是很大。现在市面上有很多自主飞行式无人机，也有一些采用了人工智能技术。自主飞行式无人机的另一个特点是以协调型（→第 158 页）居多。这是因为给无人机装上简单的传感器，与同伴通信，或有效利用地面传感器，在经济上要更为实惠。此外，协调型无人机更容易彼此保持距离，实现自动跟随。无人机在图像识别方面采用深度学习技术，在判断周围情况方面采用了分布式人工智能等相关技术。

人工智能 × 无人机的无限可能

人工智能和无人机的组合拥有众多应用领域。目前已经开始研究的应用包括无人运送货物、搜索被困人员、定期喷洒农药、自动跟拍目标以及检测异常等，无人机的应用范围今后还会进一步扩大。

例如人工智能精湛的图像识别技术可以发现遇难者和异常情况；借助最新的人工智能技术，运送货物的无人机可以躲避走廊上来往的人和障碍物，还能通过人脸识别将货物送到收货人跟前。可以说，我们的想象有多远，无人机的应用就将有多广。

术语解说 无人机：指自动驾驶飞机，有固定翼型、旋翼型等多种类型，最近多指装有多个旋翼的多旋翼式无人机。无人机包括自律型和无线操作型。

人工智能 × 无人机的应用

人工智能与无人机的组合带来了无限可能，下面是已经投入实际应用或正在讨论投入应用的无人机。

❶ 无人运送货物

无人机自动将小件货物运送到目的地，可以将集配中心或配送卡车作为起降基地，目前已经进入了实证试验阶段。

❷ 搜索被困人员

无人机可以搜索身处危险地区的被困人员，还可以出动多台无人机进行大范围搜索。如果登山游客持有无线信号发送器，无人机还能直接抵达其所在地点。

❸ 定期喷洒农药

一般可以用车辆和飞机来喷洒农药，不过无人机成本低廉，还可以自动作业，因能大大减轻农民负担而备受关注。

❹ 自动跟拍目标

可以自动跟随并拍摄无线信号发送器的持有者或提前设定的对象，司法机关可以用来追踪可疑人员，普通人也可以用来空中自拍。

066

人工智能的著作权问题

机器学习采用统计方法从庞大数据中提取特定模式，这项进步推动人工智能进入了之前计算机一直无缘的创造性领域。

人工智能绘画和作曲

人工智能可以运用图像识别技术从大量绘画中学到画的特征。掌握了特定画家的色彩和阴影，就可以制作出非常精美的“赝品”。虽然这只不过是模仿，不过人工智能现在也能组合多种画风，创造出自己的绘画作品。通过卷积神经网络提取杰出画作的各种特征（色彩、阴影、轮廓等），将这些特征组合起来，就能轻松地创作出新风格的画作。

音乐方面也是如此，有多个作曲人工智能问世，现在已经到了有人为人工智能作的曲子填词的阶段。在不远的将来，应该也会出现真人作的词由人工智能作曲的现象吧。此外，还有研发人员开始尝试用人工智能找到热门歌曲的特征，根据这些特征来作曲。

写小说的人工智能以及著作权的未来

现在还有会写小说的人工智能。有的专门负责构建大纲（基本设定和梗概），还有的会根据大纲写具体内容。不过按照现在的水平来看，人工智能要完成一部作品，还有相当多的部分需要人介入。虽然离人工智能独立完成名作还有些距离，但在不远的未来，说不定人类可以和人工智能合写出一本畅销书。

关于上述人工智能作品的著作权问题，还有很多课题正在讨论当中。现有法律完全没有涉及人类以外的创作情况，因此人工智能的作品是没有著作权的。目前世界各国正在讨论如何修改相关制度，把哪些权利赋予谁。

术语解说 知识产权推进计划：近年来，随着大数据和人工智能等新型信息技术的出现，相关部门正在制订关于新一代知识产权的处理计划。在促进创新的同时，还必须考虑如何应对新型著作权问题。

人工智能学习绘画、作曲和写作

创造性领域的人工智能研究也得到了积极发展，目前已经取得了一些成果。

◉人工智能学习绘画的特征

从某位画家的画中学习色彩和阴影的特征。

从另一位画家的画中学习轮廓和画风的特征。

结合两位画家的特征创作出新的画作。

◉人工智能学习音乐的特征

学习音乐中蕴含的音阶和旋律的特征。

找到乐曲的销量与特征之间的关系。

创作具有热门歌曲特征的新曲。

◉人工智能学习文章的特征

从大量小说作品中学习文章的特征。

人协助人工智能整理出写作大纲或情节。

人工智能根据大纲或情节写作。

067

沃森协助专业医生做诊断

自专家系统问世以来，人工智能便与需要专业知识的医疗领域建立了密切联系，如今，人工智能的不断进步已经改变了医疗领域的前沿。

沃森在 10 分钟内诊断出罕见白血病

2016 年，东京大学医学科学研究所宣布沃森诊断出一例罕见白血病。一位女性患者之前被诊断为“急性髓系白血病”，但经沃森诊断，她罹患的疾病为“继发性白血病”，更换治疗药物之后，患者的病情明显好转。沃森学习过 2000 多万份关于癌症的论文，还可以迅速处理庞大的基因信息，因此能为专业医生诊断疑难杂症发挥重要的辅助作用。

医生需要综合分析患者的各种症状进行诊断，因此有可能忽略一些罕见疾病，而人工智能则可以根据大量参考数据将罕见疾病也作为候补选项提示给医生。这项技术已经投入应用，很多医疗机构尝试性导入人工智能，将患者的血液检查报告、X 光片、CT 图像等各项检查结果和临床表现与以往病例进行比对，协助医生诊断。

搜索纪录和浏览历史也能成为诊断信息数据库

人工智能还有一种令人意想不到的诊断方法，可以通过用户的搜索记录查找其可能罹患的潜在疾病。很多人在身体不舒服或略感不适时，都会在网上搜索原因或治疗方法。大量搜索记录和浏览历史，以及搜索的时期和频率等积累到一起，就成了一种特殊的病历。

目前也有开发人员在研究如何利用人工智能整理这些信息，向用户提示其可能患有的疾病。这种方法必须考虑保护个人信息，不过也有人认为类似系统有望实现癌症等疾病的早期确诊。

人工智能成为专业医生的助手

专家系统问世后，人工智能开始活跃于医疗领域，如今它的应用范围得到了进一步扩大。

◉ 沃森辅助诊断

录入患者的血液检查报告、X光片和CT图像等各项检查结果及临床表现。

与大量历史病例进行比较，提示患者可能罹患的疾病。

专业医生根据沃森提示的疾病进行讨论并做出最终诊断。

◉ 搜索历史成为数据库

身体不适时，大多数人都会上网搜索。

大量的搜索关键词和浏览历史可以成为个人病历。

人工智能整理这些信息，调查症状之间的关系，向用户提示其可能罹患的疾病。

068 云端人工智能进一步扩大应用

虽然深度学习等很多最前沿人工智能的源代码都是公开的，但要开发出能达到实用水准的成果难度很大。为了解决这个问题，现在又出现了一些可以在云端利用的人工智能服务。

不需要学习成本的人工智能

大多数人工智能的开发环境都是开放源代码的，但要开发出能达到实用水准的人工智能还需要相当强大的技术和资金实力。为了减轻这些负担，微软、谷歌、亚马逊和IBM等公司都开始提供云端人工智能服务。这些服务虽然需要付费，但可以帮助所有人用到出色的人工智能。

云端人工智能主要有两种类型。一种是训练过的人工智能，指学习过人脸、物体形状或自然语言等的人工智能。这种人工智能可以直接使用，也可以添加简单的程序之后使用。例如，用户可以利用学习过自然语言的云端人工智能服务制作自己专属的聊天机器人，或者将学习过语音识别的人工智能导入呼叫中心。开发这些人工智能需要庞大数据，使用云端人工智能就不需要训练数据了。

可训练的人工智能可以进行机器学习

另一种云端人工智能是可训练的人工智能，指可以使用高性能机器学习的服务。和训练过的人工智能不同，这种服务可以训练人工智能从零开始对未知领域进行机器学习。例如可以训练人工智能根据X光片诊断疾病，或根据建筑物外墙的图像识别危险因素等。

虽然这种服务需要训练数据，但用户不必具备机器学习的专业知识，也不需要相关领域的专业人士。在今后的时代，人们将可以轻松获得具备实用水准的人工智能。

“训练过的云端人工智能”和“可训练的云端人工智能”

为了扩大人工智能的应用范围，处于研发最前沿的各 IT 公司相继开始提供云端人工智能服务。

◉训练过的云端人工智能

使用已经进行过基础机器学习的人工智能

个性化聊天机器人

在已经学习过自然语言的人工智能的基础上添加个性化程序，便能开发出自己专属的聊天机器人。

呼叫中心

为已经学习过语音识别的人工智能添加本公司的服务和顾客信息，将其导入呼叫中心。

◉可训练的云端人工智能

可以从零开始针对未知领域进行机器学习的人工智能

医疗人工智能

开发医疗辅助型人工智能，通过浏览大量 X 光片，根据 X 光片判断患者是否患病，并找到疾病名称。

定期排查人工智能

开发能够通过观察建筑物外墙图像，识别出墙壁裂缝等危险因素的人工智能。

069 物联网与云端人工智能

最近，在报纸和电视上经常可以看到关于用互联网把所有物体连接起来的物联网的报道。人工智能拓宽了物联网的可能性，物联网的普及也推动了人工智能的发展。

物联网让人工智能更聪明

物联网（IoT, Internet of Things）是物体和互联网相连的意思。这里所说的“物体”一般不包括平板电脑和手机，而是指过去不会连接到互联网上的家电、家具、交通工具和建筑物等，这些物体之间出现了一种全新的连接方式。物联网有一个最广为人知的好处，就是用户只要一部手机在手，就可以操控家电，关窗锁门，或者掌握交通工具的状态等。

从人工智能的角度来看，物联网还有其他更大的好处。物联网普及之后，人工智能就能收集到范围更广、规模更大的信息。运用这些大数据，人工智能将变得更加聪明，应该还会衍生出新的用途。例如，越来越多的汽车连接到互联网上，人工智能就可以根据累积的大量位置信息准确地预测出交通拥堵情况。

云端人工智能赋予更多产品高级智能

人工智能需要一定的信息处理能力才能发挥作用，因此过去能搭载高级人工智能的产品十分有限。即使有一些产品可以嵌入极小规模的人工智能，如果都是彼此独立运行，也无法实时更新信息。

物联网轻而易举地解决了这个问题。产品连接到互联网之后，即使本身没有人工智能，用户也可以使用云端的高级人工智能来操控它。而装有人工智能的产品则可以通过互联网获得辅助，在用户使用的过程中变得更聪明。

物联网让人工智能更聪明

物联网的问世使我们的生活变得更为便利。此外，物联网还能让人工智能变得更聪明。

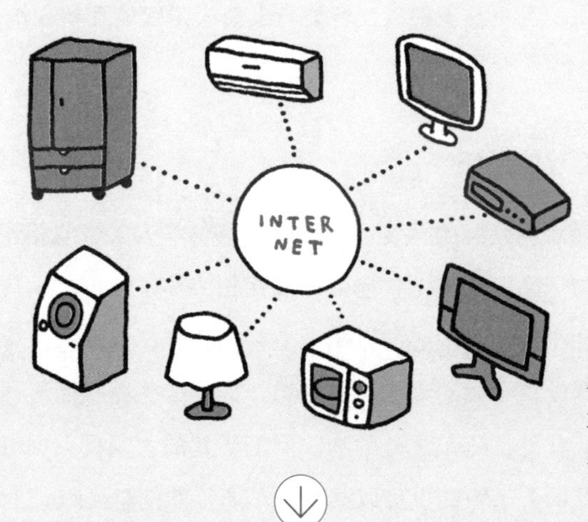

空调、洗衣机、电冰箱、电视、门锁等所有物体都可以与互联网相连，收集到大量丰富的信息。

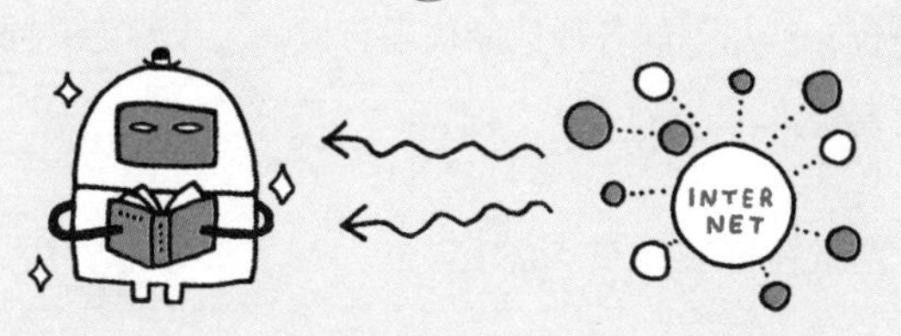

人工智能从新收集到的大量信息中学习，变得更加聪明。

更聪明的人工智能被应用于各种产品，让人们的生活更加便利。

070

云端人工智能与其他产品协同作业

物联网的发展进一步促进了分布式人工智能系统的构建，各种产品上的人工智能与云端人工智能互相合作，交换信息，共同发展。

分布式人工智能系统

今后，随着物联网的普及，所有产品都将与人工智能相连。那时，云端人工智能与产品上的人工智能就可以互相协作了。例如，自动驾驶汽车的人工智能和交通管制中心的云端人工智能相连，云端人工智能就可以根据众多自动驾驶汽车发送来的位置信息，提示哪些路线能避开交通事故和拥堵路段了。此外，汽车之外的物联网汇集到的大规模数据也可以用于交通，其他产品的人工智能也可以共享汽车上传的信息。

也就是说，产品上的各种智能代理与云端人工智能共同组成一个分布式人工智能系统。

产品上的人工智能将改变大数据

在目前的物联网中，云端人工智能会处理产品传感器发送来的信息，执行各种任务。不过物联网的规模如果继续扩大，要处理的数据越来越多，云端的负荷就太大了。今后应该先由产品上的人工智能处理信息，之后再通过物联网发送给云端。现在已经有人开始研究如何利用产品上的人工智能处理信息，只把优质信息上传到云端。只传送有用数据的话，云端的数据处理将会变得更为简单。

物联网给信息带来了量的变化，随着产品上的人工智能不断发展，今后信息的质也将变化。这有利于提高大数据的品质，并反过来提升人工智能的性能。物联网的协同效应将促进人工智能和大数据的进一步发展。

物联网和云端人工智能将改变整个世界

物联网和云端人工智能的组合蕴含着巨大潜力，会给我们的生活带来翻天覆地的变化。

◉ 形成一个分布式人工智能系统

随着物联网和云平台的规模不断扩大，大多数产品都将可以运行人工智能，每个人工智能都发挥着智能代理的作用。它们不再是彼此独立地运行，而是作为一个统一的系统发挥作用。

◉ 物联网将提升大数据质量

各种行驶和故障信息汇集到云端，并被实时传送出去。产品上的人工智能可以综合各种数据，将有用信息通过物联网汇集到一起。物联网和人工智能提升了数据的品质。

Column 5

用人工智能发掘网红

随着社交网络的发展，越来越多的人注意到“网络红人”的存在，他们拥有众多粉丝，能在较大范围发挥影响力。网红可以通过各种形式发布信息，为各自所在的特定圈子带来重要影响。他们并不一定都是上过电视的艺人，其中也有普通人，从事的工作也与大众媒体完全没有任何关系。越来越多的公司选择通过网红发布信息，宣传产品或服务，这种方法叫作网红营销。

人工智能也可以在网红营销方面大显身手。因为一般人很难衡量社交网络上的网红对哪个圈子拥有多大影响，在营销时也不知道该把哪些信息交给谁来发布。面对这种情况，可以用人工智能来分析信息。靠人工无法查清所有用户对网红发布的帖子做出了怎样的反应，而人工智能可以做到这一点。此外，人工智能还能在调查“粉丝群”等庞大社交网络的过程中发现新的网红。也就是说，人工智能可以负责发掘新圈子、把握核心圈。

这样一来，便能掌握到哪位网红会在哪个圈子发布何种信息，能带来多大影响力等。这种方法不仅可以用来宣传产品和服务，还能在监控虚假信息、发现真实的信息源头等方面发挥作用。不过这种行之有效的技术也很容易被用作信息监管的手段，需要建立相关机制，使其在保证透明度的基础上得到合理运用。

CHAPTER 6

各大企业的研究动向

许多企业看中人工智能蕴含的巨大潜力，投入大量资源进行研发。从 IT 公司到机电企业、汽车制造商乃至创新公司，人工智能领域汇聚了各行各业的参与者。

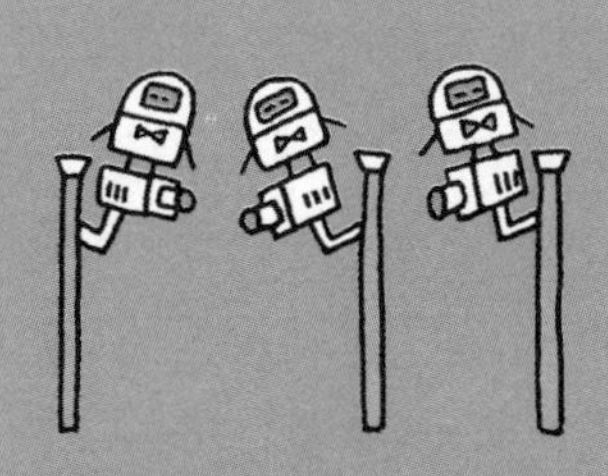

071

历史悠久的 IBM 和一直走在前沿的谷歌

从黎明期开始，IBM 就在计算机的硬件和人工智能的软件方面都扮演着重要角色。如今，谷歌作为新兴势力与 IBM 并肩成为人工智能研发领域的领跑者。

IBM 的人工智能业务与沃森

IBM 开发了深蓝、沃森等人工智能，处于领先地位，特点是他们研究的人工智能多与商业活动密切相关。

沃森取得了令人瞩目的成就，并且仍在通过深度学习不断发展，现在涉足众多领域，如出版美食食谱、制作电影预告片和创作音乐等。可以毫不夸张地说，沃森是目前最接近人类的人工智能。IBM 还提供通过云端使用沃森的服务。

目前，IBM 以沃森为核心，以 Power Systems（IBM P 系列服务器，采用 POWER 处理器，支撑沃森运行，拥有可以媲美超级计算机的处理能力）和 PowerAI（人工智能机器学习框架）为支柱，今后仍将在各商业领域大显身手。

谷歌在各项服务中运用人工智能

谷歌于 2011 年启动谷歌大脑项目，于 2014 年收购了 DeepMind 公司。2012 年，谷歌人工智能通过无监督学习成功识别出了猫，之后又研发出 DQN 和阿尔法狗，一举成为人工智能研究领域的领跑者。同时，谷歌还在研发自动驾驶汽车等软件与硬件相结合的前沿技术。

谷歌的特点是将这些技术用于提供各种形式的服务，或提高服务品质。谷歌搜索和 YouTube 归档应用了图像识别技术，谷歌翻译和谷歌智能助理应用了语音识别和自然语言处理技术，此外，谷歌的 TensorFlow 等也为人工智能研发提供了技术上的支持。

术语解说 POWER 处理器：采用 POWER 架构的 IBM 微处理器，单位功耗性能非常高，作为面向服务器的 CPU，拥有业界顶级的运算能力。

走在研发前沿的 IBM 和谷歌

IBM 和谷歌作为人工智能研发的领跑者，拥有能执行各种任务的人工智能。

◉ IBM 的沃森在诸多领域大显身手

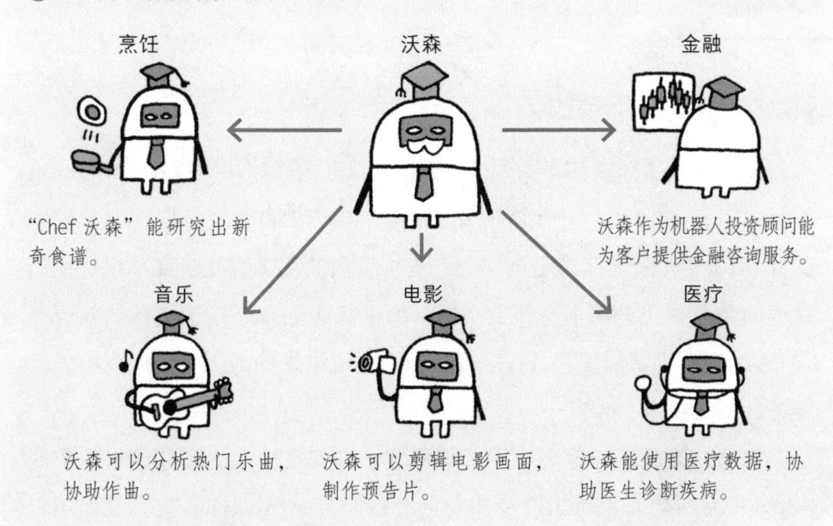

"Chef 沃森" 能研究出新奇食谱。

沃森作为机器人投资顾问能为客户提供金融咨询服务。

沃森可以分析热门乐曲，协助作曲。

沃森可以剪辑电影画面，制作预告片。

沃森能使用医疗数据，协助医生诊断疾病。

◉ 谷歌将人工智能用于所有服务

谷歌搜索

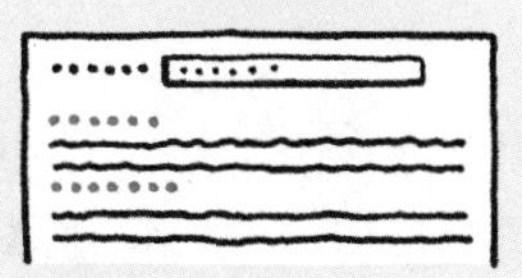

将人工智能用于搜索算法，确认信息之间的关联和网站的可信赖程度。

YouTube

应用图像识别技术检查视频抄袭行为，为用户推荐相似视频。

Android

可以提供语音识别系统、图像识别系统和谷歌智能助理等多项服务。

自动驾驶汽车

最新车型为相当于 L4 级的自动驾驶汽车，拥有最前沿技术。

072 微软的企业版服务和亚马逊的开创性尝试

微软发挥软件开发的强项，以 Azure 为核心，致力于开发商业用人工智能服务。亚马逊也借助 AWS 的成功，着手构建开发人工智能的云计算平台。

微软的人工智能开发以及人工智能赋能 Office

2016年，微软将用于图像认证和语音认证的微软认知服务（Microsoft Cognitive Services）、云计算平台 Azure、人工智能助理微软小娜和搜索引擎 Bing 等开发团队整合到一起，成立了微软人工智能研究小组。他们以面向企业提供的云服务平台 Azure 为主打业务，还提供微软认知服务（训练过的人工智能）和 Azure 机器学习（可训练的人工智能）高性能云服务。

此外，微软还在努力将人工智能技术与其在全世界占有绝对优势的 Office 产品结合起来。2017 年推出的分析服务 MyAnalytics 可以根据用户使用 Office 产品的情况为他们提供业务内容的分析和改善建议。

亚马逊的人工智能研发始于推荐功能

亚马逊的人工智能研发是从向网购用户提供推荐商品开始的。在开发过滤技术、培育数据挖掘等相关技术的同时，亚马逊还建有大规模数据中心，可以处理用户购买历史等大数据。亚马逊利用这项庞大资源于 2006 年推出 Amazon Web Services（AWS），成为企业云计算服务领域的先驱。从 2016 年起，AWS 也开始为用户提供在云端利用人工智能的服务。

此外，亚马逊智能音箱 Amazon Echo 的语音助理 Alexa 也受到了广泛关注。亚马逊由此开创了能听懂人类语言并执行用户指令的“智能音箱”这一全新品类。另外亚马逊还开设了名为 Amazon Go 的无人便利店，店里没有收银台，完全依靠图像认证和应用程序来管理用户的购买行为。

微软和亚马逊的人工智能开发

两家公司充分发挥了各自在软件开发技术和购物网站运营等方面的资源优势，研发出独具特色的人工智能服务。

◉ 微软以 Azure 为核心业务

Azure 是一个云平台，汇集了情感识别、图片信息提取、文本分析、语音识别和推荐等多种人工智能服务。

包括 Word、Excel 和 PowerPoint 等办公软件。

◉ 云计算服务先驱亚马逊

Amazon Web Services（AWS）

机器学习

面向开发人员的机器学习服务，可以帮助他们开发出自己专属的人工智能。

Lex

能应用自然语言处理技术研发出自己专属的聊天机器人。

Rekognition

能运用图像识别技术进行图像分析和人脸分析。

Polly

能将文字转换为语音，轻松地制作出多语种语音指南。

073 发挥数据优势的脸谱网和致力保护个人信息的苹果

随着大数据的价值不断提升，拥有全球最大规模社交网络数据的脸谱网也开始进军人工智能领域，而苹果公司则选择采用自己特有的方式来实现兼顾技术开发和保护用户个人信息。

脸谱网将社交网络的历史记录用于自然语言处理

在人工智能研发方面，脸谱网拥有规模庞大的聊天记录。其优势在于所有的句子、图像和视频都与用户关联，具有相应的语境。脸谱网的人工智能正是通过这些优质大数据学习自然语言的，并继试验版人工智能助理M之后推出人工智能研发的新成果DeepText。DeepText专门擅长自然语言处理，能够“理解”用户发帖的内容，准确度与人相近。不过DeepText实际上只能执行“监控恶意评论”“提取有用的评论”和“提取与帖子相关的信息”等任务。尽管如此，社交网络中还是会有很多任务供DeepText大显身手，脸谱网今后也有望继续利用这个独特优势来开展人工智能研发。

苹果公司将保护用户个人信息放在首位

苹果公司的人工智能研究有一个重要特点，即重视保护隐私。用于训练人工智能的大数据中包含各种用户信息。每个企业都会采取最低限度的措施来保护用户个人信息，但苹果公司在这方面尤其严格，在推出人工智能助理Siri时设定用户输入的信息只能用于终端设备内的训练。为了保护个人信息，苹果公司还研发了名为差分隐私（Differential Privacy）的个人数据加密方法和图像合成技术SimGAN。这些技术可以在保护用户个人信息的同时，将数据加工成便于人工智能训练的形式。消除了泄露用户隐私方面的隐患之后，苹果公司开始加速开展人工智能研究。此外，苹果公司还将最新研发的人工智能技术用于Siri和iPhone的语音和图像识别功能，以及Apple Pencil的防误触等功能。

术语解说 防误触：防止手掌误触的功能。用户在使用触屏笔操作时，手的侧面等部位可能碰到屏幕，引发误操作。防误触功能可以帮助用户更舒适顺畅地使用触屏笔。

脸谱网和苹果的尝试

与发挥大规模社交网络优势的脸谱网相反，苹果公司推出了全面保护用户个人信息的独特路线。

◉脸谱网拥有规模庞大的聊天数据

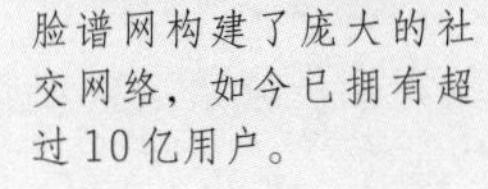

脸谱网构建了庞大的社交网络，如今已拥有超过10亿用户。

社交网络上每天发布的文本、图像和视频都作为用户之间的沟通记录被存储积累下来。

匿名化处理之后的数据有助于人工智能理解人们之间的沟通。

◉苹果公司全面保护用户个人信息安全

Siri 的历史记录仅保存在终端设备内。

只有经过“差分隐私”进行加密之后的信息才会被发送给苹果公司。

人脸也属于个人信息，人工智能会使用“SimGAN”等技术合成的人工图像进行训练。

苹果公司全面保护用户个人信息，甚至拒绝了 FBI 的要求。

074

Preferred Networks 引领日本的人工智能研究

前面介绍的六家企业总部都在美国，在人工智能研究领域稍显落后的日本，有一家叫作 Preferred Networks 的创业公司表现最为突出。

创业公司是日本人工智能研究的中坚力量

Preferred Networks（PFN）成立于 2014 年，是日本的一家创业公司，研发了人工智能深度学习网络框架 Chainer（已经开放源代码）和流式数据处理工具 SensorBee。Preferred Networks 公司从研究信息搜索和自然语言处理的 Preferred Infrastructure（PFI）公司独立出来以后，开始从事深度学习研究。2017 年 5 月，该公司与微软、英特尔、丰田、松下、NTT、FANUC、DeNA、思科和京都大学等众多企业和大学开展合作，在日本的人工智能研究领域占有核心地位。

Preferred Networks 公司的最大特色是“边缘计算”（Edge Computing）。也就是在终端设备内训练和运行人工智能，与云端或在服务器基地工作的人工智能截然不同，其最大的优势是即使没有大规模基础设施，也能在终端设备上运用人工智能。

低成本、高性能的人工智能

可以说，边缘计算的相关研究完美契合了万物互联的物联网时代的到来，这家公司面向物联网设备推出的人工智能研发平台 DIMo 已经取得了一定的成果。

此外，Preferred Networks 公司还发挥边缘计算可在终端设备上运行的优势，着手开发可用于物流机器的人工智能，并在 2016 年亚马逊机器人大赛的 pick task 环节（由机械臂取出指定商品之后完成收纳的测试）取得了优异成绩。该公司研发的人工智能可用于自动驾驶汽车、医疗器械和监控摄像头等各种领域，能在低负荷、低成本环境下运行。

术语解说 流式数据处理：流式数据是指实时流动的数据，这些数据会不断堆积，需要迅速处理，因此也就需要处理流式数据的专用工具。

Preferred Networks 的独特研究

Preferred Networks是一家创业公司，他们与各种企业和团体开展合作，引领日本的人工智能研究。

◉ Preferred Networks 的独特技术

深度学习框架“Chainer”，特点是可以基于直觉编写代码，使用起来非常便捷。

面向物联网机器的人工智能开发平台“DIMo”，适合在终端设备运行。

流式处理引擎“SensorBee”能在终端设备处理流式数据，减少负担。

◉ 边缘计算

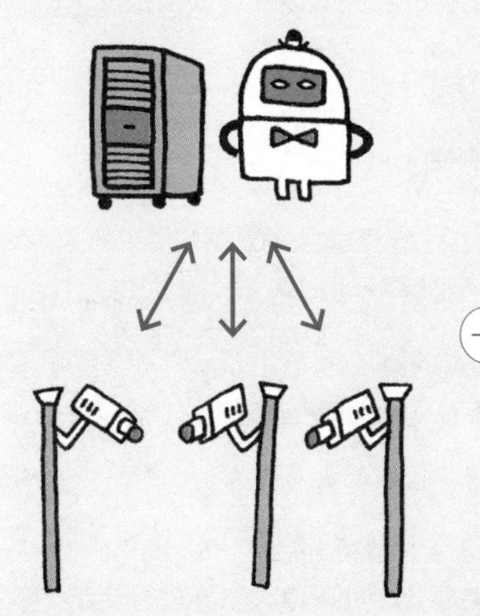

在普通的物联网中，各种设备都与云端人工智能连接，完成各种任务。

边缘计算可以在各个设备上运行人工智能，从而实现在设备上筛选、分析信息，减轻网络基础设施成本，提高信息质量。

075

丰田、NTT 和软银进军人工智能领域

除了创业公司，丰田和 NTT 等日本顶级大企业也开始全力研发人工智能技术。软银推出了 Pepper，尝试让人工智能表达情感。

丰田的自动驾驶汽车

丰田和 Preferred Networks（→第 184 页）公司合作研发了“不会撞车的汽车”，作为自动驾驶汽车研发的一环。2016 年，丰田设立丰田研究院（Toyota Research Institute），开始大规模研究人工智能技术。他们提出了两个目标车型，一个是由汽车自动完成所有驾驶操作的“私人司机”，另一个是能保障驾驶员安全地享受驾驶乐趣的“守卫者”。守卫者车型除了搭载辅助驾驶和撞击规避系统，还能读取驾驶者的心情并提供相应的辅助。通过自动驾驶技术让人们享受到更多的驾驶乐趣，可以说是汽车制造商所特有的视角。

NTT 的情感信息处理技术和软银的 Pepper

NTT 的人工智能业务品牌 corevo 中包含能理解人类的意图和情绪的 Agent-AI、探寻人的本质的 Heart-Touching-AI、预测行为和环境变化的 Ambient-AI 和实现社会系统最优化的 Network-AI。在语音识别、自然语言处理和感知信息处理等核心技术的基础上，运用人工智能来处理感知信息，这是通信企业所独有的特征。NTT 在沟通和行为预测等领域都大有作为。

软银最广为人知的成果是人形机器人 Pepper 的“情感生成引擎”。它分为“生成情绪”和“识别情绪”两个部分，可以像人一样进行交流。软银集团目前正在考虑与沃森和 Azure 一起，打造一个汇聚所有技术精华的机器人。此外，软银还与本田公司在移动产业领域开展合作，更广泛地应用人工智能。

术语解说 移动产业：泛指与交通工具相关的各种业务，无论是汽车、公共汽车、卡车，还是电车，与所有交通工具有关的车载电子设备、系统和网络都属于移动产业。

日本领军企业的人工智能研究

丰田和 NTT 等日本大型企业也纷纷斥巨资开展人工智能研究，并相继取得了成果。

◉丰田旨在实现的自动驾驶汽车

"私人司机"自动驾驶汽车

由汽车自动完成所有驾驶操作，为用户提供安全舒适的移动空间。

"守卫者"自动驾驶汽车

像以往一样让驾驶者享受驾驶的乐趣，并在遇到突发情况时提供帮助。

◉NTT 的 corevo

Agent-AI

运用图像、语音等传感器，根据使用者的语言或动作理解人类的意图和情绪。

Heart-Touching-AI

运用传感器感知使用者的身体信息，从而理解使用者的身体状况或情绪。

Ambient-AI

根据物联网设备等上传的数据，预测行为和环境的变化。

Network-AI

运用大数据和分布式人工智能技术，通过大规模数据分析来优化社会体系。

076 富士通、NEC 和松下等一流 IT 企业面临挑战

日本一些拥有高端技术的大型 IT 企业也加入人工智能研究之中。富士通、NEC 和松下发挥了各自的优势，从多个不同视角探索人工智能的应用之路。

富士通的深度张量技术和 NEC 的生物识别系统

继超级计算机“京”之后，富士通又在人工智能领域推出了 Human Centric AI Zinrai 服务。这项技术可以通过深度学习、机器学习和强化学习应用于制造、物流、医疗、基础设施建设等各领域。此外，富士通自主开发的深度张量（Deep Tensor）技术可以高效地学习不适合深度学习的图形结构数据。同时，在运用下一代超级计算机的人工智能方面，富士通也可能大有作为。

在深度学习兴起之前，NEC 就掌握了杰出的人工智能技术，其生物识别系统（人脸识别和指纹认证等）在全球处于领先水平。采用深度学习后，NEC 的这些人工智能技术更是如虎添翼。2016 年起，该公司又推出了面向企业的人工智能服务 NEC the WISE。除了图像识别、语音识别和文本分析等信息分析技术之外，NEC 在硬件方面也拥有世界顶级水平技术，这是其最大的优势。

松下的硬件控制技术

松下也拥有高超的硬件技术，特别是获取环境信息的传感技术和推动机器运转的驱动技术是松下的强项。该公司将这些技术与人工智能相结合，研发出可靠性更高的可交流机器人及自动驾驶系统。2017 年松下与日本产业技术综合研究所共同设立高级 AI 联合研究实验室，正式进军人工智能领域。此外松下还着手开展 AI 家居方面的研究，将物联网家电与高性能人工智能结合起来。

日本顶级 IT 企业的人工智能研究

富士通、NEC 和松下等日本 IT 公司一直以卓越技术著称，他们最近也在各项人工智能研究中取得了成果。

◉Human Centric AI Zinrai

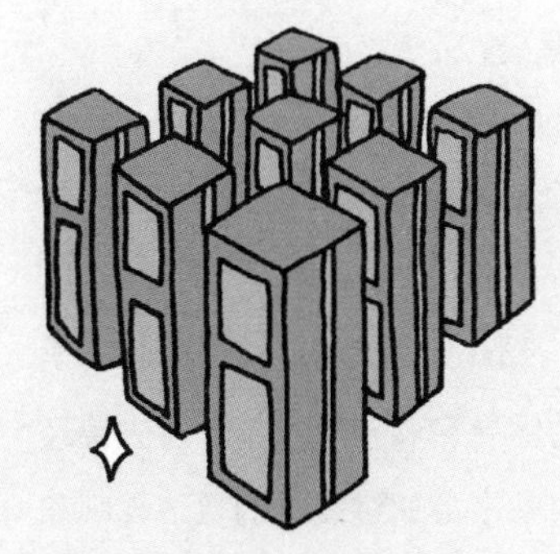

富士通拥有通用性极强的人工智能服务 Zinrai 和以“京”为代表的超级计算机研发技术，在研发世界级人工智能方面拥有很大潜力。

◉NEC the WISE

NEC 公司在深度学习问世之前便掌握了人脸识别和语音识别等多项技术，名为“NEC the WISE”的人工智能技术群中涵盖了世界领先技术。

◉松下

松下通过将家电、住宅和交通工具等硬件与人工智能融合在一起来探索属于自己的人工智能应用之路。

Column 6

教育因慕课和人工智能而改变

一种叫作“慕课”（MOOC, Massive Open Online Courses）的大规模在线学习方式从美国扩展到全球各地。如有名的“可汗学院”（Khan Academy）等会在 YouTube 上传教学视频，日本的 NTT DOCOMO 也推出了“gacco”等在线学习服务。慕课是一种全新的学习模式，不过从体系上看，它与日本的辅导班和补习学校等过去曾经推出的视频教学有很多类似之处。学生基本上通过线上的教学视频和配套教材学习，利用公告栏或问答区等工具解决不懂的问题，有时还可以通过测评等方式确认自己对课程的掌握程度。所有沟通都在线上进行，因此用户可以自由地选择学习时间，而且大部分课程都可以免费获得。这种未来学习体系已经逐渐走入美国的各大学当中。

人工智能技术有望应用到慕课当中。不同于普通的学校或辅导班，慕课有一个最大的缺点，即教师无法详细了解每个学生的学习情况。而人工智能技术可以逐一确认学生的听课情况和测评成绩，了解学生对课程的掌握程度。必要时，人工智能还可以推荐学生加强弱势科目的学习，并为每一名学生量身定制最适合他的练习题。此外，人工智能还可以用来生成成绩报告单，方便家长了解学生的学习情况。这样一来，就相当于每个学生都能拥有属于自己的人工智能家教了。

线上学习所需的教材只有一台电脑，可以大大节省学生往返学校的时间和费用。人们期待慕课能让所有阶层都享受到优质的教育资源。今后，随着人工智能的参与，慕课的教学质量也完全有可能在某一天超越现有的教育体系。

CHAPTER 7

人工智能构筑的未来世界

人工智能的发展总是与计算机的进步如影相随。今后计算机的性能有望进一步提升，人工智能也将随之走向更多的未知领域。

077 人工智能将加速下一代超级计算机的发展

人工智能的发展史离不开计算机的贡献，今后，二者仍会密切相关，不过可能会变成先进的人工智能反过来提高超级计算机的性能，或者扩大其使用范围。

超级计算机的性能日新月异

进入 21 世纪之后，摩尔定律依然有效（但也在逐渐失效），微处理器在运算能力逐年提升的同时体积也越变越小。超级计算机汇聚了大量微处理器，性能也在不断提高。2016 年，日本超级计算机“京”的性能处于世界最高水平，能达到 10 的 16 次方 FLOPS，这表示它每秒可执行约 1 京次浮点运算，二进制浮点运算极为复杂，所以人们用 FLOPS 作为估算计算机性能的重要指标。

下一代超级计算机的 FLOPS 将以 exa 为单位，10 的 9 次方（十亿）是 giga，10 的 15 次方（千兆）是 peta，exa 是 10 的 18 次方，相当于 100 京。也就是说，下一代超级计算机的性能将达到“京”的 100 倍。

超级计算机与人工智能研究齐头并进

超级计算机性能提高，恰逢人工智能研究取得突破性进展的重要时机。目前，世界各国均采用超级计算机模拟地球环境，解析 DNA 和物质结构等，如果同时引进新一代超级计算机和新型人工智能技术，便有可能取得远超以往超级计算机的成果。

过去只有部分专业机构和大公司能使用超级计算机，导入云端人工智能服务后，将会有更多人能从中受益。可能今后会有一天，当我们使用各种便利的人工智能服务时，背后其实是百亿亿次规模的超级计算机在执行运算。

超级计算机的潜力

人工智能和计算机一直同步发展，在超级计算机推动人工智能进步的同时，人工智能也有可能大幅提升超级计算机的运算效率。

◉FLOPS 是什么

国际单位	汉字	位数
giga	10 亿	10^{9}
peta	1 千兆	10^{15}
exa	100 京	10^{18}
zetta	10 垓	10^{21}

10^{16}FLOPS

↓

10PFLOPS

FLOPS 指每秒浮点运算次数。

二进制计算机不擅长小数计算

正如十进制无法准确表示某些分数，如"1/3=0.3333333…"，二进制也非常不适合表示小数点，如"0.1=0.00011001100110011…"。

定点数

"0.12345"

小数点的位置是固定的，因此计算较为简单，但能表示的数值范围有限。

浮点数

"1.2345×10^{-1}" "123.45×10^{-3}"

可以将小数点置于任何位置，有时会导致计算变烦琐，但能表示的数值范围更为广泛。

◉超级计算机 × 人工智能的潜力

性能提升 100 倍以上

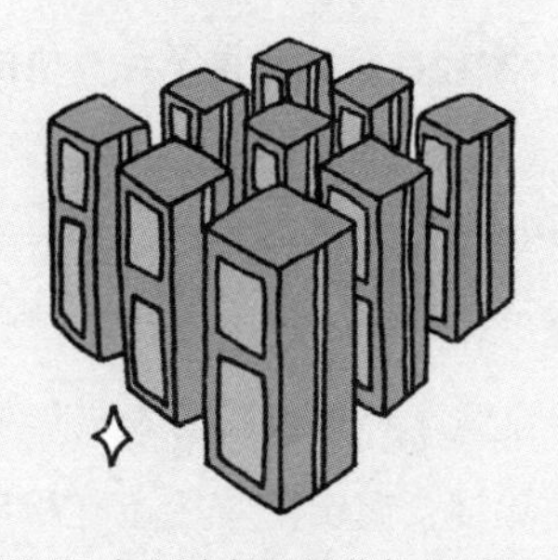

100 亿亿次超级计算机问世。

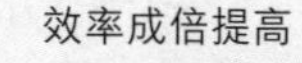

效率成倍提高

促进高效解决问题的人工智能的研发和发展。

人工智能和超级计算机的协同效应将为解决问题的根本能力带来飞跃式提升！

小知识 超级计算机的性能：FLOPS 的数值会因计算内容的不同产生很大波动，每个超级计算机都各有所长，因此"TOP500""Graph500"和"HPCG"等比较有名的国际级超级计算机性能测试的排名也不尽相同。

078

量子计算机会超越超级计算机吗

量子计算机作为超越超级计算机的划时代超高性能计算机，经过不断研究积累，终于有望投入实际应用，尽管没有采用最初预期的方式。

量子计算机的两种方式

量子计算机的研发始于 20 世纪 80 年代，作为运行方式与传统计算机截然不同的未来型计算机，一直被寄予厚望。量子计算机可以大幅提高运算处理能力，如能实现，必将推动人工智能的性能迅速提升。

量子计算机大致可以分为数字量子计算机和模拟量子计算机两种类型。二者之间存在很大差异，数字量子计算机在通用性方面具有优势，而现在实现的却是只适用于特定用途的模拟量子计算机。

数字量子计算机投入应用还遥遥无期

为了了解未来计算机的概要，我们先来看一下数字量子计算机。在传统计算机中，“比特”只能表示 0 或 1，而数字量子计算机的“量子比特（单位是量子位）”则可以同时保持 0 和 1 的状态，这是数字量子计算机的最大特点。

数字量子计算机不仅能表示 0 和 1，还能处理类似 0.25、0.5、0.75 等信息。除了这一点不同，数字量子计算机可以在某种程度上沿用传统计算机的运行原理、程序理论和算法等。但数字量子计算机的研发进展缓慢，现阶段的性能只能达到完成分解因式的程度，离实际应用还有相当远的一段距离。

另外，模拟量子计算机已经成功投入应用，近年来备受瞩目。

术语解说 量子、量子力学：“量子”是微观世界的最小物质，“量子力学”就是描述和研究微观世界运动和现象的物理理论。量子世界的物理法则和我们熟知的物理法则大不相同。

量子计算机的种类和特征

数字量子计算机能处理海量信息，而不是只能表示“0”和“1”，这种方式的实现将有望推动计算机的进一步发展。

◉ 量子计算机的种类和关系

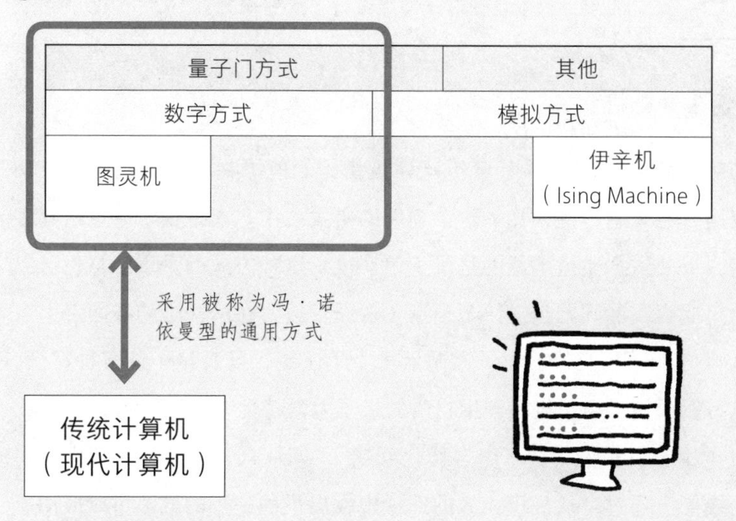

◉ 传统计算机和数字量子计算机的差异

传统计算机的电信号

电子的流动

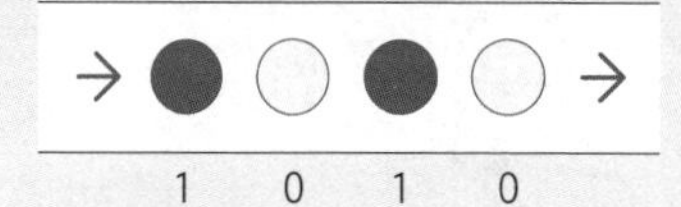

传统计算机用 0 和 1 来表示电子的流动和存在，采用二进制来执行所有程序。

传统计算机运行原理简单易懂，最原始的结构也能运行，便于复制和修改信息。

数字量子计算机的电信号

电子的流动

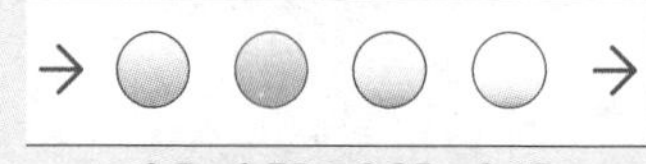

从量子水平来看，电子总是处于模棱两可的不确定状态，因此数字量子计算机能同时表示两种状态，而不是非0即1。

数字量子计算机中每个电子的信息量都很大，可以在短时间内处理大量信息。

量子计算机种类繁多：除了本书介绍的两种方式以外，量子计算机还有许多其他实现方式。不同的量子计算机利用不同的量子力学现象，特性也完全不同。

079 模拟量子计算机会掀起深度学习革命吗

在过去很长一段时间里，人们说到量子计算机都是指数字量子计算机，但最近几年形势变了，模拟量子计算机已经投入应用，日本也在这一领域进行了大量研究。

模拟量子计算机

与迟迟没有进展的数字量子计算机相比，模拟量子计算机已经成功投入应用，越来越多的人加入这个领域的研发之中。模拟量子计算机有多种方式，目前占据主流地位的是量子伊辛机。这种方式的量子计算机可以根据用户要解决的问题创建伊辛模型（将原子放置在网格中的各网点上），在计算机内部进行模拟。原子遵循量子力学法则，具有量子的多种特性，因此也可以说量子伊辛机是利用物质的量子力学特性来模拟问题的。

量子伊辛机只能解决“组合优化问题”，如从众多复杂的路线中找出最短路线等。不过“从规模庞大的选项中找出最优解”的方法可以应用于众多领域，而且量子计算机能在瞬间完成超级计算机需要花费数年时间才能完成的计算，已经足以达到实用水平。2016 年，日本研究人员研发出量子退火机和光网络量子计算机，前者已通过加拿大的 D-Wave 公司得到应用。

模拟量子计算机掀起深度学习革命

模拟量子计算机的特点是只能用来解决一些特定问题。数字量子计算机可以运行任何算法（图灵机），而模拟量子计算机则需要根据特定的算法来研发和制造。因此模拟量子计算机也可以采用通用算法，解决现代超级计算机不擅长的问题。

今后如果模拟量子计算机能采用神经网络这种通用算法，将会为深度学习带来巨大影响。

术语解说

网格、网点：“网格”指垂直线和水平线的组合，“网点”则是两条线相交的位置。伊辛机通过立体网格（形状类似于攀登架）制作出近似的模型，从而模拟现实世界。

模拟量子计算机的种类和特征

模拟量子计算机已经投入应用，并在解决组合优化问题方面大显身手。

◉模拟量子计算机的现状

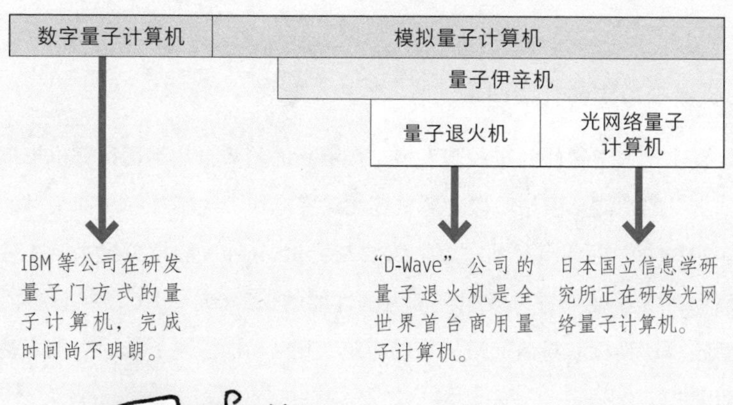

◉“组合爆炸”引发的组合优化问题

请查找能走遍所有城市的最短路线

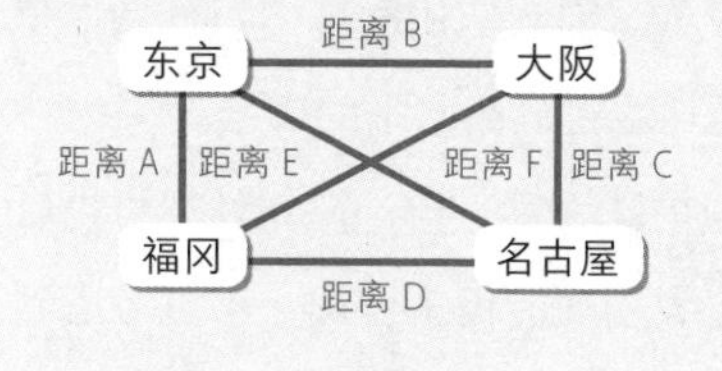

城市数量	组合数量
4	6
15	435 亿
30	4.42×10^{23}
n	$(n-1)!/2$

随着选项的增多，模式数量呈现出爆炸式增长，使用现有程序的“搜索”算法很难找到最优解。

量子退火：具有网格结构的金属在加热后逐渐冷却的过程中，形成网格的原子会转变为稳定状态（低能量状态）。量子退火计算机采用根据这种现象研发的算法来解决组合优化问题。

080 神经计算机将在硬件上模拟人脑

研究人员在尝试用超级计算机和量子计算机模拟人脑的同时，也在研发神经计算机，从硬件上模拟大脑的功能。

用机器模拟大脑神经回路

要实现人工智能的进一步发展，接下来的趋势自然是用计算机模拟出大脑本身的功能。但现阶段计算机还无法完全模拟大脑神经元和突触的结构。2013 年，超级计算机“京”需要花费 40 分钟才能模拟出大脑 1 秒钟的活动，从速度来看，只相当于大脑性能的 1/2400。2016 年，日本的节能型超级计算机“菖蒲”模拟猫的小脑，用 4.8 秒模拟了猫的小脑 6 秒钟的活动。

此外还有另一种方法可以模拟大脑的活动，那就是神经计算机。正如前文介绍的，深度学习的神经网络借鉴了大脑神经元信号传递的机制，是通过程序（软件）模拟大脑。神经计算机则是参考大脑神经元制作运算电路，通过硬件来模拟大脑功能。

比起逻辑，神经计算机更擅长感知？

目前处于研发之中的神经计算机未采用现在处于主流地位的冯·诺依曼结构，因此通用性差，运算能力也比较低。但在应用深度学习的图像识别领域，神经计算机可以用最低水平的功耗取得最高水平的成绩。

就像不擅长数学的人在感觉方面可能更胜一筹一样，神经计算机也有擅长和不擅长的领域。虽然能否完全模拟大脑功能仍未可知，不过考虑到神经计算机具有节能的重要优势，今后也可能作为高效运用人工智能的手段得到普及。

计算机能模拟大脑的机制吗

用计算机模拟人类大脑的探索已持续多年。作为突破这道壁垒的技术之一，神经计算机被寄予厚望。

◉ 模拟大脑功能

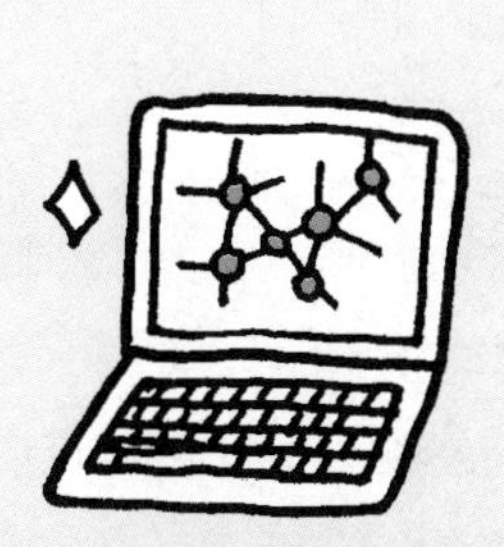

研究人员尝试用超级计算机模拟人脑的运行机制。

节能型超级计算机“菖蒲”几乎成功模拟出了猫的小脑活动。

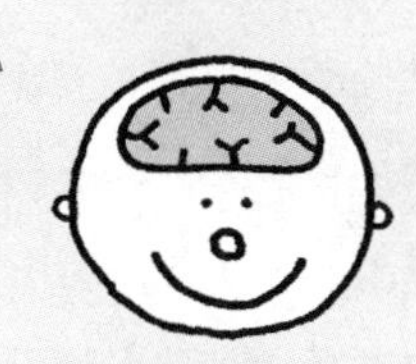

从速度方面来看，超级计算机“京”的性能只有人脑的1/2400，目前尚无法完全模拟大脑。

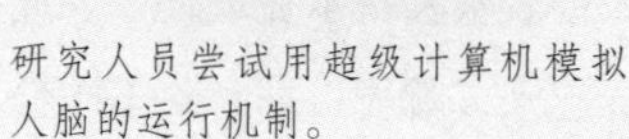

◉ 神经计算机模拟人脑

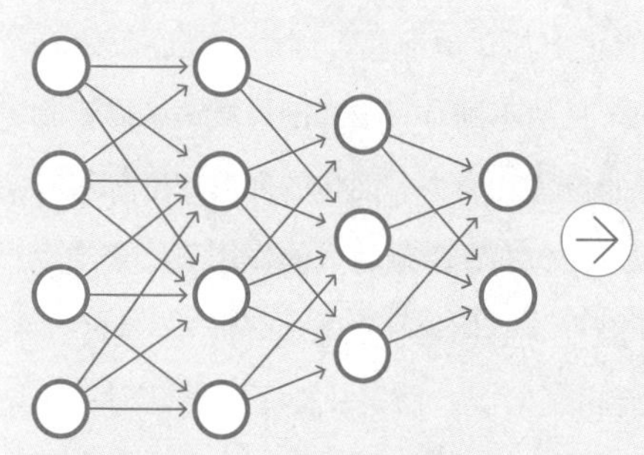

神经计算机不是在计算机里制作大脑，而是参考大脑结构构建电子回路，以便采用多层神经网络的程序高效运行。

传统计算机

与当前工作无关的部分也在后台运行，功耗大，发热严重。

神经计算机

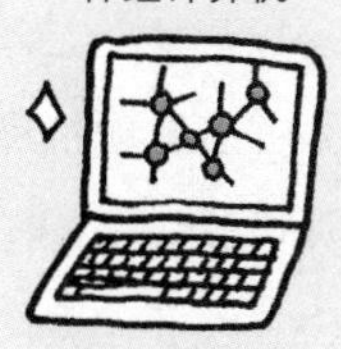

冗余部分静止不动，功耗小，发热少。

081

人工智能能综合掌握情况吗

除了计算机性能飞速发展以外，人工智能也拥有了卓越的图像、语音、语言识别能力，变得可以汇总各种信息，从整体上做出判断了。

综合各种物体的信息来掌握情况

人工智能在图像、语音和语言等方面都有了卓越的识别能力，今后将有越来越多的人工智能可以将这些能力组合起来综合运用。

例如，拥有“读唇术”的人工智能已经闪亮登场，它可以根据说话人嘴唇的动作来推测说话内容，还能翻译出来，或者根据指示完成任务。此外，如果将图像识别和触觉（压力）识别结合起来，就能根据对象不同选用适当的力度抓取物品。兼具多种识别能力的人工智能可以迅速扩大应用范围。

逐步加深理解，最终超越人类

我们既能轻轻地拿起面包，也能用力抓住电冰箱，因为人能在反复观察、触摸的过程中体会到两者硬度和重量的不同。只依靠图像或语言做不到这一点。人工智能也可以记录机械臂的位置和压力、面包的变形程度等所有信息，综合判断。虽然只能得出类似“面包在 x 牛顿的力的作用下，会产生 y 毫米的变形”的结论，但这就是人工智能，它用这种形式理解世界。

这个特点有时可以帮助人工智能超越人类。面包从架子上掉落时，人会在看到的瞬间，根据感觉预测其掉落速度，伸出手去接住面包。但有时我们会用力过猛捏坏面包，或者有时根本接不住。而人工智能可以根据重力加速度、空气阻力、重量、柔软程度等参数，准确地计算出面包的掉落速度和掉落地点，稳稳地接住面包。这恰恰是因为人工智能理解世界的方式完全不同于人类才做到的。

人工智能兼具多种识别能力

人工智能掌握了识别图像、语音和语言等多种技术，可以按照自己独特的方式理解世界了。

◉将多种识别能力组合起来，扩大应用范围

识别“压力”的机械臂

识别“变形”的摄像头

人工智能通过抓取面包、观察面包形状的变化，掌握“压力”“变形”等相关信息，最终体会到“面包是软的”。

◉用不同于人类的方式理解世界

人工智能

根据重力加速度、空气阻力、重量、柔软程度等参数，准确计算出面包的掉落速度和掉落地点，用适当的力度稳稳地接住面包。

人

在眼睛看到面包掉落的瞬间，根据感觉去预测面包的掉落速度和掉落地点，试图伸手接住面包，但有时会因为太用力捏坏面包，或者有时根本接不住面包。

082 人工智能用情况+时间来培养“直觉”

只是识别出当前的情况并不能充分发挥信息的作用。今后，人工智能将在当前情况的基础上添加时间信息，从而像经验丰富的人一样发挥直觉的力量。

人工智能模拟人们的直觉性预测

今后的人工智能被寄予预测未来的厚望。这里所说的预测不是用数学公式或物理法则计算，也不是准确地模拟自然环境，而是指像人一样根据直觉做出预测。例如，自动驾驶汽车必须能提前察觉和预测孩子突然跑到路上，或者骑车的老人突然摔倒等情况。过去人们都是根据直觉来预测这些情况，今后将由人工智能以更高的精度来完成。

现在人工智能也能预测犯罪活动或股价变动，不过都只是找到统计数据（犯罪发生地点或股价等）与时间之间的关系而已。要预测更复杂的情况，则必须将整体情况与时间结合起来。这样一来，人工智能就可以综合判断行人的动作、时间范围和周围环境等信息，检测出可疑人员，或者根据顾客的用餐进度或动作等来决定什么时候上下一道菜。

人工智能也能拥有行家的直觉

上面的这些情况，过去都是靠经验丰富的人来预测的。老练的刑警和能干的店员会根据多年经验培养出一种直觉，预测“可疑人员”和“什么时候上下一道菜”。他们能从之前的经历中总结出共同的要素或特征，预感到“接下来会发生什么”。同样，就像机器人能模仿熟练工人的技术一样，人工智能今后也能拥有这种“洞察力”。

今后，人工智能的预测能力进一步提升，将会达到常人难以企及的水平，从人的角度来看，也许这就是人工智能的“直觉”。

人工智能预测未来越来越精准

人工智能在识别“情况”的基础上，又掌握了“时间”的概念，这样就能通过模拟未来的情况来预测未来了。

◉“情况”和“时间”

识别情况

根据图像、语音和压力综合分析出当前发生的情况。

时间

依据时间轴分析特定情景之间的联系，如果能找到哪些情景是原因，哪些情景是结果，就能预测出未来了。

◉人工智能预测未来 = 行家的直觉

人工智能

除了参考历史数据，还能通过模拟来计算未知的情况，并将其纳入预测未来的数据中。

店里的情况

人工智能将在更多情景下拥有超出人类的预测能力！

083 人工智能开始从感觉上理解世界

虽然市面上已有多种人工智能能进行自然语言处理，但都尚未实现像人一样的对话。不过研究人员已经看到了可能实现流畅沟通的方向。

符号接地问题有望解决

人工智能目前还没有达到像人一样对话的水平。符号接地问题（→第46页）是壁垒之一，因为如果无法结合实际事物去理解语言，对话就只能流于形式。

这个难题已经有望得到解决，突破口在于人工智能的“综合识别”。人工智能首先将猫的样子与“猫”这个词结合起来，此外还要记忆猫的各种叫声和特有的行为，将其与语言联系在一起。于是，“挠”这个符号就有了图像和声音信息，进一步深入学习，还会再加上“挠墙的声音”和“墙上的划痕”等信息。如果人工智能能通过机械臂等感受到“墙的硬度”，将其转化为信息，那么就可以在看到猫做出“挠”的动作时，认识到“有可能把墙挠坏，有危险”。这个理解可以说已经无限接近于人了。也就是说，人工智能也可以通过某种意义上的感觉，获得和人类同等水平的理解。

人工智能交流时需要身体吗

为了与人交流，人工智能需要“感觉”方面的信息，但目前人工智能拥有身体还不现实。实际上，人工智能将通过大规模模拟器收集信息，或通过可穿戴设备获得近似感觉的信息。如果目的只是实现“对话”，对信息精度的要求也不会太高，那么只要能理解到“墙要比人的皮肤更坚硬”这个程度的信息应该就够用了。只要拥有图像和语音识别能力（相当于眼睛和耳朵），就足以完成简单的对话了。人工智能目前正处于将收集到的信息组合起来，用于综合学习的阶段。

术语解说 可穿戴设备：可穿戴在身体上的终端设备，包括智能眼镜、智能手表、智能服装和智能跑鞋等。可穿戴设备可以获取身体信息，而不只有日常生活中的用途。

“综合识别”使人工智能更加智能

人工智能可以通过图像、语音识别和动作识别等技术实现综合识别，更好地理解世界。

◉ 解决符号接地问题

识别各种图像、语音和动作的特征

将这些特征与对象联系起来进行识别

人工智能可以识别出动作，在对象、动作和词语之间分别建立联系。

◉ 有图像（眼睛）和语音（耳朵）识别能力就 OK

没有实物也能学习

可以通过计算机中的模拟器体验与现实世界相仿的虚拟世界，获得类似现实世界的信息（就像人可以通过“VR”体验虚拟世界一样）。

通过人来收集信息

人工智能通过人们随身携带的手机或可穿戴设备获取信息，了解现实世界（作为人的一部分去收集现实世界的信息）。

084 人工智能与机器人联手改变社会

人工智能（软件）通过机器人（硬件）与世界产生联系。人工智能的迅猛发展将改变机器人，也会改变未来的世界。

机器人是人工智能和世界之间的桥梁

人工智能属于软件，无法直接与世界建立联系。人工智能需要传感器（收集信息）、手臂（触摸物体）、轮胎（移动）等工具才能与世界相连，“机器人”集这些工具为一体。可以说机器人是人工智能连接世界、发挥价值的手段。

机器人不一定是人形的，比如工业机器人等随着人工智能的发展有了很大变化。特别是得益于图像识别技术，工业机器人可以准确识别物体。它们活跃在仓库的各个角落，有的将装有产品的货架运送到打包点，有的准确操纵其手臂从货架上取下货物。亚马逊等公司致力于这一领域的技术研发，大多数仓库作业都改为由人工智能机器人承担。

人工智能将改变社会

也许机器人现在与我们的日常生活的关系还不算密切，但 10 年之后，这种情况一定会改变。

全世界都在研究人工智能的实际应用，如“人工智能 + 无人机安保”“人工智能 + 机器人接待客户”“人工智能 + 自动驾驶汽车组织物流”等。只是实现这些目标就足以给世界带来巨大改变，而人工智能能做的还远远不止如此。将来，采购、生产和运送食物或原材料，为疾病和损伤提供检查、治疗及开具处方，在零售商店摆放并管理商品等，大部分工作都能由机器人承担。就像自动售货机和自动补票机已经不知不觉间普及了一样，在不远的将来，机器人也将成为我们生活中不可或缺的一部分。

人工智能融入社会大显身手

人工智能与机器（机器人）结合起来，可以扩大应用范围，完成很多工作。

◉人工智能连接世界所需的工具

用于获取信息的传感器

用于交流的麦克风和扬声器

用于移动的轮胎或脚

用于抓取物品的手臂

这些硬件组合在一起，就成了“机器人”。

◉融入现实社会的人工智能

装有人工智能的农业机器人可以代替农民生产粮食。

装有人工智能的配送机器人和自动驾驶汽车可以代替工人运送粮食。

装有人工智能的烹饪机器人可以替人烹饪，我们只需要享受美食就好了。

将人工智能用于粮食生产过程中的各种机器（机器人），实现自动化，人们几乎无须参与，就能获得生存所需的食物。

085 通过物联网实现“并行学习”

人工智能通过机器人或物联网与现实世界相连，必将进一步加速发展。“并行学习”的效果要远远大于人们依靠积累社会经验获得的效果。

通过信息并行化提高学习效率

机器学习有很多种方法，不过都需要“经验”，必须积累各种经验，才能进行统计处理，这一点对未来的人工智能来说也是同样如此。统计处理需要大量的信息和经验，这个难点今后将有望得到解决。因为随着物联网（→第 172 页）的普及和机器人逐渐融入社会，人工智能将在各种场景下实现“并行学习”。

假设施工工地导入了建筑机器人，如果一台机器人操作出现错误，相关信息会立即发送给其他同类型机器人，这次错误就成了共同“经验”。也就是说，所有同类型机器人都不会再重复同样的错误。同样，如果一台机器人找到了提高作业效率的方法，其他机器人也能提高效率。人工智能被用得越多，用得越广，就会变得越聪明。

持续学习才能不断发展

在不远的将来，人工智能会以惊人的速度在完成任务时发挥出最高水平的实力。自动驾驶汽车和物流配送无人机零事故运行，以及医疗仪器检测出所有已知疾病等都将不再是梦想。

不过人工智能还无法超越自身具备的能力。要让诊断疾病的人工智能找到人类尚未发现的未知疾病，或者研发出具有划时代意义的新药等，还有待研发人员找到全新的发展方式才能实现。说到底，人工智能今后的发展轨迹终究还是需要人来创造。

并行学习促进人工智能迅猛发展

并行学习可以充分发挥物联网的作用，帮助人工智能随时积累学习“经验”。

◉ 并行学习可以让同类型机器人拥有相同技能

避免重复其他机器人的错误。

获取其他机器人的经验，首次操作就能做得很好！

模仿其他机器人的成功。

◉ 人工智能的发展需要人来规划路线

成为保护人类的人工智能机器人。

在不同的指导方法下，人工智能既可以带来益处，也可以滋生罪恶。

成为危害人类的人工智能机器人。

086

人工智能的各种伦理问题

人工智能融入社会也带来了许多前所未有的问题，今后还需要让人工智能遵守人类的道德观。

日本人工智能学会制定的九条伦理指针

考虑到人工智能与人的关系越来越密切，日本人工智能学会针对将来可能出现的伦理问题，制定了九条“人工智能学会伦理指针”（→右页）。虽然这个规定是面向学会会员制定的，不过也为今后展开积极探讨提供了一个契机。前八条是具体的指针，第九条是“确保人工智能遵守第一到第八条规定”。这表示，除了研究人员和开发人员，人工智能也必须遵守这些规定。

研发方的问题和人工智能本身的问题

研发方可能引发的伦理问题之一是侵犯隐私。虽然用于机器学习的个人信息都要经过匿名化处理，但并非完全消除了找到当事个人的可能性。此外还有著作权的归属和侵害问题。可以将别人著作用于机器学习的条件，以及人工智能创作的作品著作权归属等问题，目前还在摸索阶段。另外，人工智能的垄断问题已经逐渐得到解决。深度学习问世之初，有人指出了由少数企业垄断人工智能的危险，不过后来随着共享研究成果的OpenAI和主要研发企业参加的Partnership on AI的出现，前沿技术得到了更多的公开和分享。

此外，人工智能无法对自己的行为负责，如果使用者利用人工智能危害他人，应该由使用者负责，还是由未能做好安全措施的制造者负责呢？尤其是“事关人命”的决策难题与自动驾驶汽车密切相关，亟待制定相关的规则。

人工智能和伦理问题

人工智能可以完成与人类同等水平或者超越人类水平的工作，也应当像人一样遵守伦理道德，而这个问题的难度仍然很大。

◉“日本人工智能学会伦理指针”的九条规定

1. 为人类做贡献
2. 遵守法律法规
3. 尊重他人隐私
4. 公正
5. 安全
6. 诚实做事
7. 对社会负责
8. 与社会沟通，加强自我钻研
9. 确保人工智能遵守第一到第八条规定

这是日本人工智能学会制定的伦理指针，无论是从事人工智能研究的人，还是人工智能本身都应该遵守。

◉“事关人命”的艰难决策

直行会撞到孩子们，但转弯会撞到老人。

人工智能应该如何判断？

Partnership on AI：主导人工智能研发的非营利组织，成员包括谷歌、微软、脸谱网、亚马逊、IBM和苹果等IT巨头。

Column 7

不能再用以往方法评估人工智能的安全性

汽车和医疗系统都关系到使用者的生命安全，自然必须经过严格检测，确保其安全性有保障才能获准投入市场。正因为这样，我们才敢放心使用这些产品。然而导入人工智能之后，这些产品的安全性评估难度有可能增大。主要有两个原因，一个是“人工智能会持续变化”，另一个是“人无法理解人工智能的想法”。

“人工智能会持续变化”指人工智能的性能会在学习过程中发生变化。一般来说，人工智能会通过学习提高性能，但也有可能因为错误的学习导致性能下降。如果性能下降引发事故，就会带来严重的问题。

“人无法理解人工智能的想法”的情况尤其会发生在多层神经网络中。人脑通过突触的相连和分离带来想法的变化，多层神经网络也会通过学习改变神经网络的连接方式，从而改变想法。神经网络的规模越大，研发人员越难掌握导致每一个连接方式变化的原因，也就意味着无法理解人工智能的想法。采用多层神经网络的人工智能出现错误，可以重置学习状态，研发人员只能推测是什么原因导致了错误。

并非所有人工智能都存在这两个问题，也有一些人工智能“性能不会改变”或“想法简单易懂”。不过人工智能越高级，性能就越容易改变，想法也越难以理解，因此如何确认人工智能的安全性将是今后的一个重要课题。

CHAPTER 8

人工智能的未来和奇点

21 世纪初问世的奇点理论认为，人工智能终有一天会超越人类智能，给社会带来翻天覆地的变化。如今，关于奇点理论的讨论越来越多，人类和人工智能到底会面临怎样的未来呢?

087 人工智能将如何影响人类的工作

人工智能取得了令人瞩目的成果，已经可以代劳过去由人来承担的各种工作，被人工智能抢走饭碗，已经成了人们即将面对的现实威胁之一。

在技术方面已经能承担一半的工作

2015 年，日本野村综合研究所发表报告称，在今后的 10—20 年里，日本将有 49% 的劳动人口可被人工智能或机器人替代。不过这里所说的只是“技术意义上的替代”，而不是一些职业会突然消失。很多就业岗位仍会存在，而且人工智能的应用也会催生一批新的职业。具体来看，预计可能被人工智能替代的主要是辅助性工作、维护管理、驾驶运输、生产作业等工作。

人工智能可以替代的工种

辅助或维护管理等常规作业（如事务性工作、收集、整理、监控、检查和保洁等）将逐渐被人工智能取代。只有人工智能无法胜任的工作才需要人来做，因此人数会出现减少。

建筑的维护管理也可以改为由人工智能承担。人工智能可以通过监控摄像头或巡检机器人实现 24 小时工作，也能通过无人机等设备执行大多数定期检查。另外，针对人工智能或机器人的相关维护和管理工作将随之增加。

驾驶工作也会因自动驾驶汽车的问世迎来巨大变化，尤其是按照固定路线行驶的车辆（往返物流基地之间的货车和定点班车及公共汽车等）可能较快转换为自动驾驶汽车。出租车和快递配送车辆不太容易被取代，所以一段时期之内可能会形成自动驾驶和有人驾驶并存的局面。

制造业已经有相当多的部分实现了机械化，即使无法彻底机械化，人工作业的工序也会越来越少。

人工智能融入社会

现在人们从事的工作当中，据说有一半都将迟早被人工智能取代，那么哪些人将会失去工作呢？

◉约一半的工作将被人工智能取代

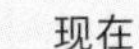

只有制造业等一小部分行业实现了自动化。

10~20 年后

以辅助或维护管理工作为主，约有一半工作将被人工智能取代。

◉容易被人工智能取代的工作

制造

事务性工作

保洁

监控

建筑的维护管理和定期检查

固定路线的配送货车

定点班车及公共汽车

有一部分工作会被装有人工智能的软件、机器人和无人机等取代，不过人并不会完全没有用武之地。

无人机送货上门：在可以使用无人机的区域，非固定路线的配送也可以改由人工智能无人机完成。无人机能避免交通拥堵，无须配送人员，无人机配送投入应用的相关实验正在进行之中。

088 留给人类的工作和新出现的工作

说是会有一部人被夺走工作，但其实人工智能的能力还十分有限。创造性工作和与人密切相关的工作仍然要靠人来做。另外，人工智能还会带来一些新的工作。

创造新事物的工作永远不会消失

作为人工智能无法胜任的行业，最常见的例子包括与创新、艺术和学术领域相关的工作。也有一些人工智能开始进入创造性领域，它们擅长创造没有前例可循的作品，或者根据名作的特征创作新作品，也有可能通过模拟找到新的发现。但这些方法并不稳定，无法完全取代人类。在这些领域，人们可以通过适当的方法与人工智能携手合作。

此外，医疗、福利、教育等与人密切相关的工作也是人工智能无法取代的。人工智能的沟通能力无论如何发展，都无法体察人的心情。简单地接待顾客或许还好，要亲切自然地面对性格各异的每一个人就十分困难了。不过也有不少工作是人工智能可以替代的，例如值守、简单的检查、阅卷、制作资料等工作，人工智能可以做得更好更快。严重缺人的领域今后将通过各种形式导入人工智能。

使用人工智能的工作会越来越多

今后也会有一些工作需要更多的人来做。首先就是在人工智能和人之间起到桥梁作用的工作，与人工智能（或机器人）相关的管理工作的需求会越来越多。

有一部分工作会消失，也会出现一些新的工作。用到人工智能的新业务增加了，提供相关咨询服务的企业也会随之增加。了解人工智能或机器人的特性，能正确应用人工智能和机器人的人才今后将大显身手。

与人工智能合作

创造性或研究性工作以及需要沟通能力的工作都将成为我们与人工智能携手合作的舞台。

◉艺术和研究领域的工作轻易不会被取代

艺术和研究领域的工作轻易不会被取代，不过人工智能已经开始活跃在这些领域。人们可以让人工智能分担一些它们擅长的工作。

◉注重沟通能力的工作轻易不会被取代

注重沟通能力的工作仍旧需要由人来做，不过由于很多杂务都可以交给人工智能代办，学生或患者等可以获得更多的关注。

089 人工智能将如何改变我们的工作方式

随着互联网和智能手机的普及，我们的工作方式发生了很大变化。今后预计还会出现更多的变化，比如将有更多的工作需要发挥人工智能的作用。

将来一个人可以在任何地方工作

如果各种工作都被人工智能取代，我们会变得无事可做吗？这可不一定。互联网普及之后，工作效率得到了大幅提升，但大多数人的工作量不但没有减少，还因为新的工作方式，反而比以前增加了。人工智能也可能带来相同的情况。人工智能既能从事体力工作，又能驾驶车辆，还能完成秘书性工作，有了人工智能的帮助，就像有了一个超级优秀的员工。只要充分发挥人工智能的各项优势，一个人也能开展大规模业务。

此外，在未来的社会，我们在任何地方都能工作。就像智能手机和个人电脑模糊了工作与私人空间的界限一样，今后人们可以在更多的时间和场合开展工作。人工智能使越来越多的事情成为可能，只要想做，就能找到更多工作，我们可能反而会更加忙碌。

“基本收入”制度

也有不少人认为，将来会有越来越多的人找不到工作，终究有一天会出现“所有劳动都由机器人承担”的局面。

在这种情况下，“基本收入”构想极具现实意义，即国家定期向所有国民支付一定数额的补贴。过去大家往往会对这种想法一笑了之，但最近一些欧洲国家已经开始认真讨论。不知道会不会真的有那么一天，所有人都不用去工作，不过将来的技术完全有可能达到这个水平。总之，人工智能会带来更为灵活的工作方式，社会也会随之改变。

术语解说 基本收入制度：政府向所有国民支付一定数额补贴的制度。有人认为基本收入制度可以解决包括贫困、就业、少子化问题在内的所有社会问题，但这项制度也由于现实中难以保证财政来源而受到质疑。

人工智能带来的未来工作方式

人工智能将作为优秀的助理和员工在人们的工作中贡献力量。今后，谁能熟练运用人工智能，谁就能取得更多成果。

◉人工智能助理管理日程

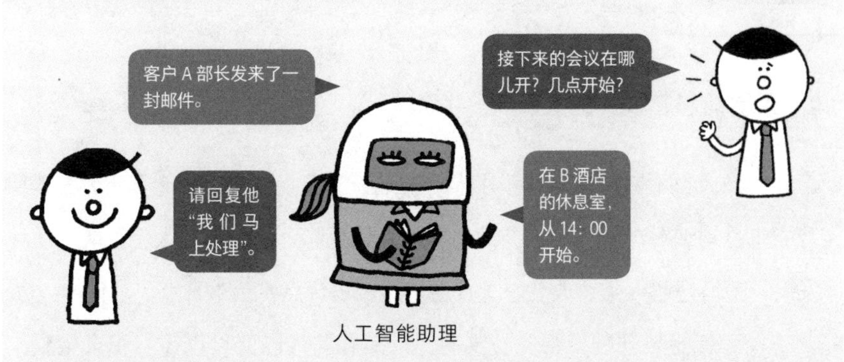

把事务性工作交给人工智能助理，可以减少杂务，从而更高效地完成工作。

◉将工作交给人工智能员工

把人工智能和机器人当作员工，可以把所有简单的工作交给它们。这样一来，一个人就能做很多事情，大大提高了工作效率。

090 奇点是什么

有人提出，人工智能实现加速度发展，很快就会超过人类。新闻上经常可以看到奇点的概念，它意味着人工智能、人类以及整个社会的变革。

人工智能超越人类的“瞬间”

就像人类不断研发出新程序推动人工智能进步一样，可能有一天人工智能将自动编写出新程序，开发出新的人工智能。这会推动人工智能加速发展，最终超越人类，改变整个社会。这就是奇点（技术奇点）理论。

人工智能是软件，很容易复制，只要有源代码就可以编写出大量程序。这与那些自动篡改或复制、扩大感染的计算机病毒是同一个道理。如果人工智能能不断创造出比自己更聪明一点的人工智能，就有可能带来大量比人类聪明的人工智能，接连引发超越人类的技术革新。这将开启一段与过去截然不同的历史。奇点现象涵盖了从人工智能的发展到人类和社会的变革。

奇点真的会到来吗

奇点真的会发生吗？大家众说纷纭，既有肯定意见，也有否定意见，最正确的答案应该是“可能性很低，但不是零”吧。至少目前还没有任何迹象表明奇点将会实现。

因此，又有人提出“会出现小规模奇点”。深度学习的问世的确推动人工智能取得了迅猛进步，但距离奇点实现，还需要经历若干个重大突破。要突破这些壁垒，还需要一些时间。

术语解说 2045 年问题：2045 年，人工智能超越人类智能，带来爆炸性技术进步，从而引发的问题。那时社会结构将发生巨大变化，甚至可能威胁人类的生存。

奇点是什么

奇点来临时，人工智能将超越人类智能，创造出人类无法企及的人工智能，极大地改变社会。奇点真的会发生吗？

◉ 奇点是什么

现在

研究人员研发人工智能，需要在很多方面提供支持，否则人工智能无法正常运行。

人工智能要创造出新的人工智能，首先需要从“人工智能是什么”学起。

奇点！

人工智能创造出比自己更优秀的人工智能，反复重复这个过程，最终创造出超越人类的人工智能。

◉ 奇点会在 2045 年发生吗

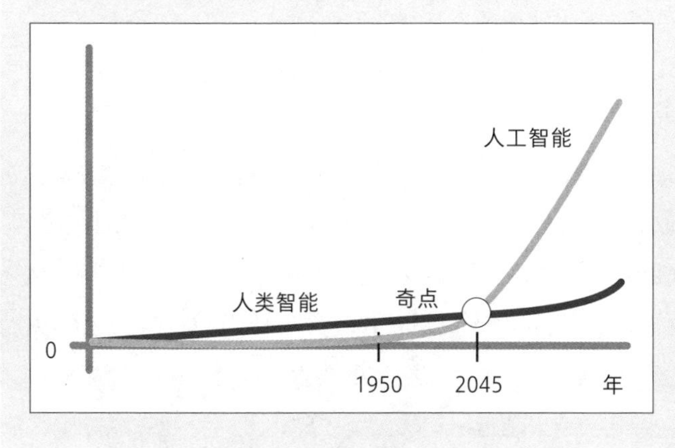

虽然有人提出奇点将会在 2045 年到来，但实际上没有人知道人工智能何时能超越人类。

091

实现奇点需要哪些人工智能

奇点何时会到来？应该会早于通用人工智能实现，当人工智能可以自动创造出下一代人工智能时，奇点就到来了。

奇点不需要通用人工智能

奇点的关键不在于人工智能能否“达到与人类相同的水平”，而是能否“自动创造出更优秀的人工智能”。人类通过教育将知识传授给下一代，实现了知识的进步和社会的发展。如果人工智能开始培育下一代，那么很快就能超过人类。

可能实现这一点的途径之一是通用人工智能（→第 56 页）的问世，一种人工智能就能模拟人类的所有智能。不过奇点并不需要拥有和人类同等水平的智能，只要有“能创造下一代人工智能”的专用人工智能就够了。只要有了从零创建程序并推动其发展的能力，就能延续到下一代人工智能、下下代人工智能，不断提高能力，最终超越人类。也就是说，奇点开始的第一步是“创造人工智能的人工智能”的出现。

现有技术能带来奇点吗

现在，能改善人工智能的人工智能已经问世，不过还处于初级阶段，远未达到从零创造的水平。深度学习的突破性进展也只是帮助人工智能“识别”物体，这是学习的前提，距离奇点还相去甚远。

但是，未来的人工智能将可以识别和分析“人工智能程序”，它可以通过学习人工智能，找到创造优秀人工智能的线索。也就是说，随着人工智能更理解自己，奇点会越来越近。

创造人工智能的人工智能

有了“能创造人工智能的人工智能”，奇点才会到来，目前还有很大困难。

◉ 奇点需要的人工智能

通用人工智能

这种人工智能可以模拟人类的所有能力，完成各项任务，是最理想的人工智能，但目前尚无实现的迹象。

不过“创造下一代人工智能”不需要通用人工智能。

专用人工智能

这种人工智能可以在某个领域发挥超过人类的能力，更适合专门用于某个领域。

专门用于“创造人工智能的人工智能”有可能实现奇点。

◉ 人工智能创造人工智能需要什么

创造人工智能的人工智能

需要能够识别和分析“人工智能程序”的人工智能。

需要的能力

从零开始创建、改善以及发展程序的能力。

创造下一代（创造人工智能的人工智能的改良版）和下下代，不断提升性能。

092

专家的期待和忧虑

人们对奇点到来后的世界做过期待和担忧交织的各种预测，比人类更聪明的人工智能拥有强大能力，既可能成为天使，也可能成为恶魔。

乐观论和悲观论

乐观派专家预测，奇点到来后，优秀的人工智能将解决人类面临的所有问题。如果粮食和物资生产能实现自动化，那么贫困带来的冲突和犯罪也会随之减少。如果医疗和护理实现高度自动化，那么任何人都可以享受到优质服务。到那时，工作可能就会变成一种兴趣爱好。

不过并非所有预测都是正面的。有一次，美国多地的智能音箱都错误地识别了电视里“买个○○”的声音，下单订购了这种商品。如果人工智能误解了人类的意图，可能会引发重大问题。此外，乐观派专家们预想的理想社会也可能变成监视社会。好用的人工智能也有可能被滥用，就像拥有学习能力的微软聊天机器人在一些拥有恶意的用户的教导下发表种族歧视言论一样，人类也可能会误导人工智能走上错误的道路。

奇点到来之后，人类将无法控制人工智能

乐观派和悲观派都一致认为，奇点到来之后，人工智能将有能力管理和支配人类。研发人员可以通过安装安全装置，来防止人工智能误解人类意图或受到恶意控制，但是奇点到来之后，人工智能是由人工智能创造的，在不断创造更多人工智能的过程中，安全装置有可能失效。

奇点到来后，人类将无法理解人工智能，有可能无法预测和控制它们的行动。因此研究人员必须预想到最坏的情况，进行风险管理。

奇点到来后的社会，该乐观还是该悲观？

我们无法预测，奇点到来后的世界对人类来说是会更理想，还是会变成噩梦。

◉ 乐观预测

粮食和物资生产的效率提升与自动化有助于减少贫困引起的冲突和犯罪。

医疗和护理的高度自动化可以让所有人都享受到优质服务，并减轻劳动者的负担。

大部分工作都由人工智能代劳，因此工作将变成一种爱好。

◉ 悲观预测

人工智能误解人类的指示，引发重大问题。

人工智能受到恶意控制，威胁大多数人的权利和财产安全。

人类在人工智能的管理和支配之下失去自由。

093 面对人工智能的威胁，我们能做什么

不管奇点是否到来，人工智能都将继续发展。我们应该开始认真考虑怎样才能消除人工智能的滥用和故障带来的担忧。

避免失业

前面介绍人工智能会取代一部分工作，但也会带来新的工作。不过显然新的工作岗位需要的技能也将不同于以往。诸如将人或物品送往目的地，按照指示整理资料，按照工作手册组装零件等，这些“机械作业”将不再需要人来做了。有人认为这是好事，也有人为此忧心忡忡。也许未来人工智能会完全夺走人类的工作，但这一天还很遥远。

现在我们能做的，就是探索人工智能无法取代的技能和工作方式。为常规性工作增添附加价值，或者掌握无法自动化的技能，就可以实现差异化。此外，未来社会一定需要运用人工智能的技能，因此深入认识和了解人工智能也是一种有效的方法。只要能用好人工智能，就会有更多工作。

只有人工智能才能抵御邪恶人工智能

我们还需要抵御邪恶人工智能的方法。只有人工智能能在网络和机器人程序中检测到和消除可疑的人工智能。

装有人工智能的恶意软件会通过学习安全系统能检测到的入侵模式，不断改进，寻找新的攻击方法。传统的安全防护措施对此已经力不从心，必须升级相应的模式来抵御入侵。此外，当一台设备受到攻击时，需要尽快分析并传播信息，防止其他设备也受到攻击。这项任务只有人工智能可以胜任。今后的社会需要人工智能抵御邪恶人工智能带来的威胁。

术语解说 恶意软件：带有恶意的软件，包括计算机病毒等所有以执行有害程序为目的的软件。

生活在人工智能社会

尽管奇点尚未到来，但在一些特定领域和任务方面，已经出现了超越人类的人工智能。对此，我们可以做些什么呢？

◉避免在人工智能社会失业的方法

做人工智能无法胜任的工作

掌握人工智能不擅长的部分，如沟通、创造和创新的工作都不会轻易被取代。

获得运用人工智能的知识

今后，社会更加需要管理人工智能的能力，了解人工智能的特性，用好人工智能，就能提高工作效率。

◉抵御邪恶人工智能攻击

当邪恶人工智能危害人类时，只有善意的人工智能才能守护人类，我们需要创造具有守护人类功能的善意人工智能。

094

人工智能推动人类进步

奇点到来之后，不仅人工智能会不断进步，人类也会在人工智能的推动下实现进步，也有可能像人工智能一样持续发展。

人类与机器融合

奇点不仅能打造出万能的人工智能，人类也可以借助人工智能的睿智继续进化。比如，装有人工智能的假肢可以带来更强的肢体能力，义眼和义耳可以提升人的感知能力。此外，如果智能手机等设备能与大脑相连，那么人们只要想一想自己想做的事，就可以启动手机的相关功能。

前面介绍的是与半机械化的生化电子人类似的进化方式，其实还有一些方法能让人类作为生物实现进化。只要能彻底弄清楚人脑的机制，就有可能找到提高大脑效率的方法。这样一来，任何人都有可能拥有与天才匹敌的能力。传统的人类进化追不上人工智能迅猛发展的脚步，但如果人类能以与人工智能相同的速度发展，情况就不同了。

大脑连接计算机

脑机接口听起来十分遥远，但已经有人开始这方面的尝试了。电动汽车公司特斯拉的创始人埃隆·马斯克于2017年设立Neuralink公司，旨在研发脑机接口的相关技术，初步目标是实现该技术在医疗领域的应用。

现代人把石器时代的人类称为“原始人”，奇点到来以后，进一步进化的“新人类”也可能会把现代人称为“旧人类”。奇点还有一些与人类超级进化类似的意味。虽然不知道奇点是否真会到来，但不论怎样，都有人类与人工智能一同进化的可能。

发生在人类身上的奇点

人工智能的飞跃性进步，蕴含着推动人类继续进化的可能性。

◉ 人与机器融合，拥有更多可能

与假肢融合

高级假肢的性能将会优于人类的。如能获得超越极限的身体能力，人类可以在肉体上拥有更多可能。

与义眼或人工耳蜗融合

义眼和人工耳蜗可以替代因疾病丧失的视觉和听觉，提高视力和听力，甚至还有可能帮助使用者看到可见光以外的光。

大脑与智能设备融合

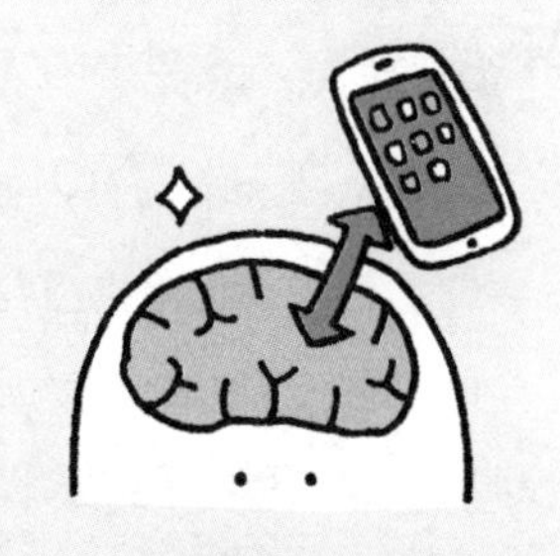

大脑与智能手机相连，可以直接访问网络，阅读和处理信息。

◉ 人工智能推动人类进化

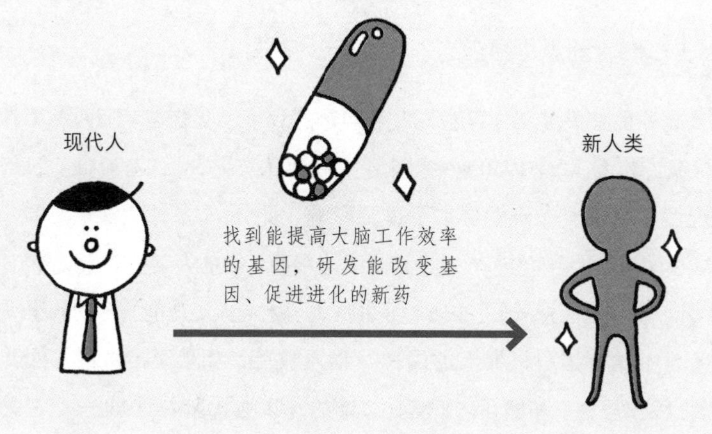

人工智能也有可能成为一个新的契机，促进人类进步，推动人类继续进化，奇点也具有推动人类实现超级进化的一面。

095 故事中的人与人工智能的未来

长期以来，高度进化的人工智能都是只存在于科幻作品中的遥远幻想。在人工智能即将迎来突破性发展的今天，让我们一起来回顾一下虚构作品中描绘的人与人工智能的关系。

很早就有人设想过与人类对立的人工智能

在描绘未来的科幻作品中，人工智能与人类的关系一直是一个重要主题。第一部描写机器与人类对立的作品是卡雷尔·恰佩克在1920年创作的戏剧《R.U.R.》，该剧因首次使用“机器人”一词而闻名。在故事里，机器人起初帮助人类从劳动中解脱出来，但它们后来发动叛乱，毁灭了人类。可见在计算机器诞生之初，人们就有了这个担忧。

之后也有很多描述机器与人类对立的电影，其中比较有名的包括来自未来的杀人机器企图毁灭人类的《终结者》（1984）、机器掌控人类作为能源来源的《黑客帝国》（1999）、人工智能试图支配人类的《我，机器人》（2004）等。如今，将人工智能视为威胁的想法仍旧根深蒂固。

与人类共存的人工智能

此外也有很多人工智能与人类共存的故事。艾萨克·阿西莫夫在短篇集《我，机器人》（1950）中提出了“机器人三定律”，对后世的科幻作品和现实中的机器人研发带来了重要影响。此外，《星球大战》（1977—　）和《星际迷航》（1979—　）也刻画了能帮助人类的人工智能。此外，《A.I.》（2001）和《超能查派》（2015）等也是关于人与人工智能共存的故事。

日本也有描写机器人的国民级动漫作品，如手冢治虫的《铁臂阿童木》（1952—　）和藤子·F·不二雄的《哆啦A梦》（1969—　）等。最近还有一部描绘人脑机械化的电影《攻壳机动队》（1995—　）也广为人知。可以说，我们一直在想象中摸索人工智能与人的关系。

术语解说 机器人三定律：艾萨克·阿西莫夫在小说中提出的机器人行动原则，具体内容为机器人不得伤害人类、机器人必须服从人类的命令和机器人必须尽可能保护自己。

人工智能科幻作品的典型模式

20 世纪上半叶以后出现了很多刻画人工智能与人的关系的作品。人们想象了很多种未来，有好的未来，也有坏的未来。

◉人工智能与人类对立的故事

机器人最初忠于人类，为人类服务，后来开始反抗，企图消灭人类。如《R.U.R.》等。

人类与来自未来世界的杀戮机器人展开战斗或心灵相通。如《终结者》等。

◉人工智能与人类共存的故事

在未来世界，人工智能或机器人作为人类的援助者出场，如《星球大战》和《星际迷航》等。

故事中的人工智能像人一样行动，与人友好交流，共同生活，如《A.I.》《哆啦 A 梦》《铁臂阿童木》等。

096

我们将走向怎样的未来

众多作家和编剧们想象的未来已经近在眼前，人工智能与人类共同创造的会是乌托邦，还是反乌托邦呢？

“和人一样”的人工智能已经成为现实

科幻作品中描绘的能和人类流畅交流的人工智能和机器人会成为现实吗？

以现在的技术，研发“像人类一样，难辨真伪的机器人”并非不可能。目前已经有一些机器人能完美模仿人的动作，像人一样行动了。今后，随着能与人交流的人工智能逐渐普及，积累规模庞大的经验数据，机器人将能更好地模仿人类。仿真机器人看上去真伪难辨，运行原理却可以极为机械，完全靠算法与数据库构成和运行。

人工智能管理下的社会是乌托邦还是反乌托邦

未来真的会像许多故事描绘的那样，由人工智能支配人类吗？至少在奇点到来之前，人工智能应该还是处于人类掌控之中，不太可能像科幻小说的情节那样发动叛乱，更不用说叛乱成功了。

不过人工智能管理社会是有可能实现的。人工智能已经在各个领域投入应用，如粮食生产自动化，用无人机监控治安，为潜在犯罪分子提供心理咨询，通过性格、适应性分析帮助人们选择职业和伴侣等。这些都是按照人类的意愿基于善意的管理，随着人工智能的发展，一定有助于减少各种社会问题。习惯了之后，可能大多数人都不会对此感到任何疑问。与研究人员梦想的“真正的人工智能”相比，科幻作品描述的“梦想世界”可能会更早一步实现。不过我们也需要认真地想一想，这样的社会能否带来真正的幸福。

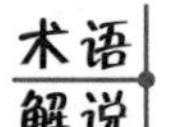

反乌托邦：乌托邦的反义词，多指看上去已臻成熟，但其实存在着各种各样问题的社会。虚构作品中描写的处于某种极端社会体系的管理和控制之下的社会也属于反乌托邦。

人类和人工智能的关系将如何变化

人工智能“支配”人类的未来轻易不会到来，不过由人工智能“管理”人类的社会却有可能实现。

◉“像人一样”的人工智能

尽管人工智能完全依靠算法和数据库运行，但只要外形与人酷似，能像人一样对话，看上去就会与人十分接近，然而它们并不拥有与人类相同的感情。

◉人工智能管理社会

粮食生产自动化

使用无人机维持治安

为潜在犯罪分子提供心理咨询

通过性格、适应性分析帮助人们选择工作和伴侣

人工智能融入生活的所有领域，管理全部事务，但人却有可能并不会意识到自己是被管理的，从而度过幸福的一生。

◉人工智能相关用语索引

图书在版编目（CIP）数据

给孩子的人工智能通识课 /（日）三津村直贵著；段连连，李洋洋译 . -- 福州：海峡书局，2022.4（2024.04 重印）

ISBN 978-7-5567-0893-2

Ⅰ . ①给… Ⅱ . ①三… ②段… ③李… Ⅲ . ①人工智能—青少年读物 Ⅳ . ① TP18-49

中国版本图书馆 CIP 数据核字 (2022) 第 010575 号

图字：13-2021-105 号

ZUKAI KOREDAKE WA SHITTEOKITAI AI (JINKOU CHINOU) BUSINESS NYUMON
by Naoki Mitsumura

Original Japanese edition published by SEIBIDO SHUPPAN CO.LTD., Tokyo.
This Simplified Chinese language edition is published by arrangement with
SEIBIDO SHUPPAN CO.,LTD., Tokyo in care of Tuttle-Mori Agency, Inc., Tokyo

作　　者　［日］三津村直贵
译　　者　段连连　李洋洋
出 版 人　林　彬
出版统筹　吴兴元
责任编辑　廖飞琴　潘明劼
特约编辑　郎旭冉　王晓辉
装帧制造　墨白空间 · 曾艺豪
营销推广　ONEBOOK

给孩子的人工智能通识课

GEI HAIZI DE RENGONGZHINENG TONGSHI KE

出版发行：海峡出版发行集团
　　　　　海峡书局
地　　址：福州市白马中路 15 号
　　　　　海峡出版发行集团 2 楼
邮　　编：350001
印　　刷：天津雅图印刷有限公司
开　　本：889mm × 1194mm　32 开
印　　张：7.5
字　　数：171 千字
版　　次：2022 年 4 月第 1 版
印　　次：2024 年 4 月第 4 次
书　　号：ISBN 978-7-5567-0893-2
定　　价：50.00 元

读者服务：reader@hinabook.com 188-1142-1266
投稿服务：onebook@hinabook.com 133-6631-2326
直销服务：buy@hinabook.com 133-6657-3072
官方微博：@ 后浪图书